深基坑施工
技术与工程管理研究

李宝军　毛雄伟　曲洪福　著

吉林科学技术出版社

图书在版编目（CIP）数据

深基坑施工技术与工程管理研究 / 李宝军，毛雄伟，
曲洪福著．-- 长春：吉林科学技术出版社，2020.9
ISBN 978-7-5578-7588-6

Ⅰ．①深… Ⅱ．①李… ②毛… ③曲… Ⅲ．①深基坑
－工程施工－研究②深基坑－工程管理－研究 Ⅳ．
① TU473.2

中国版本图书馆 CIP 数据核字 (2020) 第 189105 号

深基坑施工技术与工程管理研究

著　　者	李宝军　　毛雄伟　　曲洪福	
出 版 人	宛　霞	
责任编辑	张延明	
封面设计	李　宝	
制　　版	宝莲洪图	
幅面尺寸	185mm×260mm	
开　　本	16	
字　　数	260 千字	
印　　张	11.75	
版　　次	2020 年 9 月第 1 版	
印　　次	2020 年 9 月第 1 次印刷	
出　　版	吉林科学技术出版社	
发　　行	吉林科学技术出版社	
地　　址	长春净月高新区福祉大路 5788 号出版大厦 A 座	
邮　　编	130118	
发行部电话／传真	0431—81629529　　　81629530　　　81629531	
	81629532　　　81629533　　　81629534	
储运部电话	0431—86059116	
编辑部电话	0431—81629520	
印　　刷	北京宝莲鸿图科技有限公司	
书　　号	ISBN 978-7-5578-7588-6	
定　　价	68.00 元	

前 言

　　近年来,随着人们的生活水平越来越高,对居住空间也有了更多的要求,人们逐渐把眼光聚焦在地下空间的开发利用上。而深基坑伴随着高层建筑的飞速发展在各地遍地开花,因此,深基坑施工管理水平的提升至关重要。随着社会的不断发展,地下空间利用方式有了进一步的突破。尤其是深基坑建设工程,得到了人们的广泛关注。为了能够使施工管理更符合当前的社会要求,提升控制手段,摆脱原有设计、施工方法的桎梏,工程技术人员要积极对相关理论进行深入研究,以增强基坑施工的科学行、可行性、经济性为目标,实现建设内容的创新。因此,本书从深基坑工程的特点入手,对其施工管理及控制方法进行探讨。

　　近年来,随着人们的生活水平越来越高,对居住空间也有了更多的要求,人们逐渐把眼光聚焦在地下空间的开发利用上。而深基坑伴随着高层建筑的飞速发展在各地遍地开花,因此,深基坑施工管理水平的提升至关重要。这种不仅体现在施工方法上,更要突出周边环境的保护,以及设计技巧的增强、风险评估的强化等等。同时,深基坑施工又要结合每个工程的特点对支护结构进行合理设计,从深基坑与整个高层建筑设计及施工的协调、整体规划两个方面体现现代化进程。所以,对其施工管理和控制方法的分析势在必行。

　　综上所述,本书主要从两个方面入手。首先,阐述了深基坑工程的具体特点。其次,从项目管理、企业控制要点、施工过程管理三部分进行了论述。从而得出:企业管理人员在施工前要对地质、水文及周围环境等进行实际考察,加强项目的技术支持,在确定合理方案的情况下整合控制要点,减少基坑事故的发生,为我国建筑事业的发展与进步创造有利条件。

目 录

第一章　基坑工程的理论研究 ……………………………………………………… 1

　　第一节　基坑工程的基本概念 …………………………………………………… 1

　　第二节　岩土地质深基坑设计 …………………………………………………… 3

　　第三节　复杂地质环境下的基坑施工 …………………………………………… 7

　　第四节　深基坑开挖引发的环境工程地质 …………………………………… 11

　　第五节　基坑工程稳定与变形的若干问题 …………………………………… 15

　　第六节　地下水渗流对基坑工程稳定性的影响 ……………………………… 17

　　第七节　建筑基坑工程支护的施工技术 ……………………………………… 19

　　第八节　基坑工程安全技术控制 ……………………………………………… 22

　　第九节　建筑基坑工程地下连续墙的发展及施工方法 ……………………… 25

　　第十节　基坑工程承压水问题的研究 ………………………………………… 27

第二章　深基坑的基本理论 …………………………………………………… 30

　　第一节　深基坑的质量控制要点 ……………………………………………… 30

　　第二节　深基坑施工地铁保护措施 …………………………………………… 33

　　第三节　建筑深基坑工程的监理控制 ………………………………………… 36

　　第四节　地铁深基坑智能监控系统 …………………………………………… 38

　　第五节　深基坑工程的风险控制实践 ………………………………………… 43

第三章　深基坑设计研究 ……………………………………………………… 47

　　第一节　岩土地质深基坑设计分析 …………………………………………… 47

　　第二节　软土地基中深基坑设计 ……………………………………………… 50

第三节　深基坑设计与地质条件···53

第四节　紧邻既有线深基坑支护设计···56

第五节　丘陵地带深基坑支护方案设计···59

第四章　深基坑施工技术探讨···62

第一节　建筑深基坑施工技术分析···62

第二节　深基坑降排水施工技术探析···65

第三节　地铁车站深基坑监测技术···68

第四节　岩土勘察技术及深基坑的支护···71

第五节　岩土工程深基坑支护施工技术···74

第六节　市政工程深基坑施工技术···77

第五章　深基坑支护技术···81

第一节　浅谈建筑工程深基坑支护···81

第二节　工程深基坑支护施工要点···83

第三节　高层建筑深基坑围护施工···86

第四节　深基坑支护结构设计要点···89

第五节　深基坑支护结构变形规律···94

第六节　深基坑支护的特点及选型···99

第七节　深基坑支护现场管理重点···102

第六章　基坑工程的水文地质勘探研究·······································106

第一节　基坑工程环境水文地质分析与评价·······························106

第二节　岩土工程中的基坑勘探技术···108

第三节　深基坑的支护与岩土勘探技术·······································111

第四节　复杂地质条件下的深基坑降水技术·······························116

第五节　BIM信息可视化技术在基坑工程中的应用·····················118

第六节　BIM技术在基坑监测中的应用 ………………………………… 122

第七章　深基坑开挖及支护工程施工技术 ……………………………… 125

第一节　建筑工程深基坑开挖施工要点 ………………………………… 125

第二节　深基坑开挖专项施工技术 ……………………………………… 128

第三节　临近既有线深基坑开挖防护技术 ……………………………… 131

第四节　工民建中深基坑开挖与支护施工技术 ………………………… 134

第五节　建筑工程中深基坑开挖与支护施工技术 ……………………… 137

第六节　地铁车站深基坑开挖围护结构与施工技术 …………………… 139

第七节　明挖隧道深基坑开挖的安全防护施工技术 …………………… 142

第八章　深基坑开挖安全控制研究 ……………………………………… 146

第一节　深基坑开挖及安全控制 ………………………………………… 146

第二节　深基坑开挖安全技术措施分析 ………………………………… 149

第三节　深基坑开挖的质量及安全管理 ………………………………… 153

第四节　深基坑开挖工程的质量监督管理 ……………………………… 155

第九章　深基坑工程管理 ………………………………………………… 159

第一节　深基坑施工管理及控制 ………………………………………… 159

第二节　地铁深基坑施工管理 …………………………………………… 161

第三节　深基坑支护施工技术管理 ……………………………………… 165

第四节　深基坑工程施工中的风险管理 ………………………………… 167

第五节　城市供水设施改造深基坑工程管理 …………………………… 170

第六节　过程控制在深基坑施工管理中的应用 ………………………… 172

参考文献 …………………………………………………………………… 176

第 一 章　基坑工程的理论研究

第一节　基坑工程的基本概念

随着城市的不断发展，城市的土资源的紧缺状况也越发严重，开展深基坑工程研究，可以有效地促使城市的基础工程更加顺利的实施，进而促使城市更加高效的发展。

随着城市工程建设速度的稳定提升，城市的土地资源的紧缺状况也越发严峻。为了缓解城市的土地资源紧缺问题，减轻城市的交通运输压力和人口居住压力，深基坑工程的开展已经广泛地应用与城市的建设过程中，开展深基坑工程研究，在明确深基坑工程的基本理念的同时，明确保障深基坑工程的开展的安全性的基本原则和基本方法，可以有效地促使城市的深基坑工程的开展更加具有安全性、稳定性和高效性，从而促使城市的建筑工程获得更加广阔的发展空间和更加理想的发展前景，为城市居民创造出更加理想的生活环境。

一、深基坑工程的基本概念

中华人民共和国的住房和城乡建设部门，在 2009 年颁布了《危险系数较高的分布分项工程安全管理方法》的附属文件中，对于深基坑工程的概念有着明确的定义：

（1）深基坑工程的基坑开挖深度等于或者是大于五米。

（2）部分基坑工程的基坑开展深度并未达到五米，但是由于基坑的土质存在特殊性，或者基坑开挖地点的建筑环境存在着特殊性，需要对于部分建筑进行保护的特殊基坑，也可能被列深基坑。

二、深基坑工程所存在的风险类型探究

开展深基坑工程所存在的风险类型探究，可以将深基坑的风险类型总结为以下的几点：

（一）深基坑工程所存在的风险类型中的人员风险

由于深基坑的工程环境相对较为复杂，因此深基坑工程的开展过程，对于技术工人的技术能力的要求较高，并且要求技术施工人员有着丰富的经验以及随机应变的

能力，从而能够良好地处理各种突发状况，做到防患于未然，因此深基坑工程所存在风险类型中的人员风险，如果技术施工人员的专业技术能力不达标，或者是没有丰富的经验或者是随机应变的能力，不仅会对于自身的安全产生潜在的威胁，也会严重威胁整个深基坑工程的安全性。

（二）深基坑工程所存在的风险类型中的经济管理风险

深基坑工程中所存在的风险类型中的经济管理风险，也是深基坑工程开展过程中常见的风险之一。由于深基坑工程的开展需要较大的成本，因此如果资金管理不当就会出现资金成本问题。资金的紧缺，会使深基坑工程负责单位想方设法的降低深基坑工程的工程成本，甚至将这种"节约"体现在深基坑工程的工程用料上，这无疑为深基坑工程的安全性和稳定的保障带来了巨大的障碍。

（三）深基坑工程所存在的风险类型中的合同签订风险

深基坑工程所存在的主要风险类型还包括合同的签订风险，深基坑合同的签订内容直接决定了工程开展的各项权责的具体负责人和负责方法，同时也是基坑工程开展的最基本的法律依据，因此深基坑工程所存在的风险类型中的合同签订风险的思考不容忽视，开展深基坑工程所存在的风险类型中的合同签订风险的类型的探究，主要可以将其分为以下的几点：

（1）深基坑工程的合同条款缺乏公平公正性。深基坑工程的合同条款缺乏公平公正性，是深基坑工程无法顺利开展的关键性因素之一，合同是约束签订合同的双方或者是多方的最有效的法律凭仗。但是由于部分业主会应用自身的优势，使得深基坑工程的合同条款缺的规定对自身有利，在这种情况下，部分建筑企业为了保障自身的经济效益，便会节约基坑工程的开展所花费的成本，因此导致深基坑工程的安全性无法得到有效的保障。

（2）深基坑工程的合同条款缺乏严谨性。由于部分业主并不具有专业的深基坑工程理论知识，并且在签订合同中存在着自以为是和想当然的情况，甚至为了自身利益，故意忽略掉了一些关键性的条例。这种情况的发生致使深基坑工程的合同条款的签订严重的缺乏严谨性，从而为深基坑工程的安全性的保障带来了巨大的障碍。

三、深基坑工程所存在的风险防范应用措施探究

（一）深基坑工程所存在的风险防范应用措施中的终止法

深基坑工程所存在的风险防范应用措施中的终止法，是保障深基坑工作的安全

开展的重要应用方法之一。主要是通过适当的调整原计划来有效降低风险发生的概率，例如在开展深基坑建设工程时，所应用的大体积的混凝土尽可能会因为温度问题，出现裂缝状况，进而会发生渗水现象，此时便需要应用风险防范应用措施中的终止法，应用低热水泥或者是其他的温度掌控手段，确保混凝土不会出现裂缝状况。

（二）深基坑工程所存在的风险防范应用措施中的工程法

深基坑工程所存在的风险防范应用措施中的工程法，是通过专业工程技术的有效应用，消除深基坑工程在开展过程中所存在的风险。例如在开展深基坑工程的过程中，如果发现了有些机械设备存在漏电的状况，立即应用工程技术查找出机械设备的漏电原因，进而及时的对于这一现象进行处理，有效地防止深基坑工程的开展过程中的事故的发生。深基坑工程所存在的风险防范应用措施中的工程法的应用，具有较高的工程安全保障性，但是由于工程法的应用成本相对较高，因此在应用前应当首先充分的考虑深基坑工程开展的工程预算。

（三）深基坑工程所存在的风险防范应用措施中的分包方式转移风险法

深基坑工程所存在的风险防范应用措施中的分包方式转移风险法，也是在开展深基坑工程中，常见的、有效的降低风险的方法之一。由于深基坑工程的开展，会涉及专业性强、难度系数高。操作较为困难的施工环节，如果承包方的技术人员的能力不足，强行开展工作，会使得深基坑工程的开展存在着巨大的安全隐患问题。采用深基坑工程所存在的风险防范应用措施中的分包方式转移风险法，将这一部分工程环节承包给更加专业的施工人员，则可以有效地降低风险。

开展深基坑工程研究，首先需要探究深基坑工程的基本概念，进而开展深基坑工程所存在的风险类型探究：深基坑工程所存在的风险类型中的人员风险探究、深基坑工程所存在的风险类型中的经济管理风险探究以及深基坑工程所存在的风险类型中的合同签订风险。最后思考深基坑工程所存在的风险防范应用措施。主要有：深基坑工程所存在的风险防范应用措施中的终止法和深基坑工程所存在的风险防范应用措施中的工程法以及深基坑工程所存在的风险防范应用措施中的分包方式转移风险法。

第二节　岩土地质深基坑设计

当前我国岩土工程逐渐进步，建筑的荷载亦逐步提高，对于基坑的负载需求有了显著提升。在岩土地质深基坑的施工中，需全方位勘察施工的场地，凭借勘察到的对深基坑的支护结构合理设计，确保深基坑施工可有序安全地开展，并确保工程整体的质量。

深基坑的支护施工于岩土工程当中属于保证深基坑施工重要的环节，深基坑的支护能确保施工过程中的安全，预防基坑出现塌陷的情况，所谓支护是主要针对基坑的侧壁加以保护与加固，以此来确保基坑稳定。现阶段城市的发展前景即开展地下施工，如此可使土地得到进一步使用。随着地下建筑的增多，对其质量标准也逐步提高，施工的深度亦逐渐加深，这就对相关技术有了更高的要求，所以，深基坑是在社会上引起了相关人员的高度重视。

一、岩土深基坑支护设计的关键点

（一）强度方面

对于岩土深基坑支护的施工，其强度属于至关主要环节，所以，在深基坑的支护设计中应保证其设计的强度与国家的有关标准相符。相关的设计与施工者对岩土深基坑的支护实施设计以前，应全方位检测深基坑的支护位置其水文、地质状况，经变形量与结构强度的核算，进一步确保沿途深基坑的支护强度。

（二）挖土设计方面

在对岩土深基坑支护进行设计时，应对挖土相关的设计加以重视。对于岩土工程来讲，其深基坑的开挖深度标准较高，在土方的挖方量方面较多，如此便需要提升岩土深基坑的支护的设计与技术来满足当前的发展需求。若想将岩土深基坑的支护施工处理好，需在其挖土设计方面做进一步优化。

（三）支护结构的变形方面

岩土深基坑的支护作业，极易遭受人为与外界等方面的影响，造成支护的结构出现改变，此改变能够在一定程度上对岩土深基坑支护在安全方面的性能造成影响。因此，在开展岩土深基坑支护设计的时候，务必对各方面的因素加以分析，及时防止因可控因素而造成影响。此外，因为在岩土深基坑的支护过程中会发生变形的情况，因此于施工之前需对其做进一步考虑并加以分析，将相关计算处理好。

二、深基坑支护的设计形式

（一）锚杆支护

锚杆支护是深基坑支护中的一个支护技术，锚杆支护是采取主动形式对深基坑内岩土进行加固。于深基坑的施工当中,选择锚杆器材并把其镶至岩土内,再与支护设备另外一端相连接,另外再给予相应预应力,确保深基坑支护的效用。锚杆支护具备独特的优点,其对于环境的适应较强,深基坑的深度对其不会造成影响。所以此技术得到了较为广泛的使用。然而应当注意的是,锚杆支护不适合在含有机质较多土质里使用。

(二)排桩支护

在深基坑的施工中运用较多的另一个支护技术是排桩支护,其支护的器材有防渗帷幕与支护桩。为在挡土方面达到更好的效果,可选择钢筋砼灌注桩,且把灌注桩于深基坑边上合理的安装,使其成为排列的支护桩。排桩支护于施工当中无噪音且操作较为简便,给四周环境造成较小程度影响,所以具备的刚度比较强。此技术于深基坑支护当中使用的也较多。在进行排桩支护的时候,按照场地切实地情况选择搅拌、喷桩及高压灌浆等,能够对深基坑在稳定方面的性能有利,且能够达到优良的支护作用。

(三)地下连续墙

地下连续墙支护一般是于超出10m的基坑内使用,地下连续墙支护能够对地下管线在铺设时出现的沉降与边坡土体出现的移位等情况起到有效抑制作用。所以,若是工程项目对于沉降、位移的管控标准比较高或是周边建筑物比较多的时候,最好是选择此支护结构。

(四)土钉墙支护

土钉墙的支护是将土钉砸至基坑的边坡土体内,经原位的土体与土钉相互结合来加固土体。土钉采用细氏的杆件,砸至原位的土体内,相邻土体内土钉间需有相应的间距,确保土钉紧密,从而使土体结构在稳定方面的性能加以增强。

三、深基坑支护在设计方面的问题及优化对策

(一)深基坑支护在设计方面的问题

1.开挖方面

在基坑开挖过程中,支护结构大部分是在基坑比较长的边出现位移的情况,中间部位出现得最多,短边的部位出现的较少。基坑深度与平面的形态对于基坑支护出现的形变情况与其稳定的性能影响比较大。当前在深基坑支护的设计方面还未对深基坑开挖方面的问题进行进一步的分析与思考,仅根据平面应变的设想对深基坑的支护结构进行设计。

2. 力学方面的参数

在开挖深基坑时，在地质上会不断地出现变化，从而使摩擦角、含水率及粘聚力等物理力学方面的参数出现变化，此状况提高了土压力在计算方面的困难。另外，基坑施工的工艺、支护结构的形式能够跟着力学方面参数的改变而发生一定的变化。所以，采取的力学参数属于不确定的因素之一，相关的设计者应当按照切实的状况来进行合理的选取。如果相关的设计者无充足的经验及技术素质较低等，那么设计时无法在力学方面选取合适的参数，使设计无法满足施工的需求，从而对施工的整体质量造成影响。

3. 土体取样方面

相关的设计工作者应当对地基土层的土体取样且经过一系列分析之后，来保证取得科学合理的力学参数，给深基坑支护的设计以准确的数据信息做参照。按照国家相关的取样要求，需尽量较多的钻孔来降低勘探的工作量与工程成本。但是，因为地质结构自身具有一定的复杂性，取得的试验土样有着一定的随机性，使实际要求不能得到满足，从而造成支护的设计和实际的情况不相符。

（二）优化深基坑支护设计的对策

1. 改变设计理念

现阶段，我国在深基坑的设计方面还未有相应的规则与要求，通常是采取库伦与朗肯的理论对深基坑的结构进行设计。在支护桩的计算当中，通常选择"等值梁法"，然而采取此方式计算可能造成计算结果准确度较低、增加施工的成本等的情况出现。所以，相关的工作者应当健全深基坑设计的规则与改变设计观念等，按照工程自身特征与标准对深基坑相关施工开展科学合理的设计，并于施工中按照工程的施工特征，选择科学合理的对策来确保深基坑施工的质量。

2. 优化支护结构的合理

深基坑支护自身结构的合理程度与工程整体质量有着直接的联系。所以，相关的设计工作者进行岩土深基坑的设计时，应当将实际情况与相关理论相互结合，确保其设计科学合理，完成设计之，应当运用辩证方法来对岩土深基坑的支护与四周环境间所存在的关联加以论证，由源头上进一步优化支护结构确保其科学合理[王坤.环境监测技术[M].重庆：西南师范大学出版社,2018.]。

（三）强化深基坑支护变形的观测力度

深基坑整体的质量在一定程度上受到深基坑支护的变形情况影响，深基坑支护的变形主要是观测深基坑四周建筑物、边坡以及地下管道变形的状况。对于深基坑支护变形的观测是主要获取部分基坑支护的数据信息,并对此数据加以分析研究,如此便可对深基坑支护现实使用的状况进行有效的估量,从而合理解决基坑支护出现的变形问题,进而保证深基坑施工的最终质量。于此施工当中,工程作业人员应当严格按照相应的标准要求进行,提升自身技术素养,应用科学合理的工艺与技术来准确估量与观测深基坑支护的变形情况。

深基坑属于较为复杂且风险比较大的施工,所以为确保深基坑施工的整体质量,应当对深基坑支护设计与施工的情况加强注重力度,工程设计工作者需要按照工程实际的特征与环境来科学合理地设计深基坑支护的结构,并且相关的管理者需在施工中加以合理的管控与管理,透彻至深基坑支护各施工环节当中,确保各环节的施工科学合理,进而确保工程整体的质量。

第三节　复杂地质环境下的基坑施工

在复杂的地质环境下,综合运用软基处理的相关技术措施,可以迅速提高持力层的承载能力。此外,在地下水位线较高,侧壁反复渗水的情况下,基坑排水施工的效率决定了基坑施工的整体工期。针对复杂的地质环境下基坑施工的相关问题,提出相应的解决措施,并在这个基础上对复杂地质环境下的基坑施工做定性总结。

随着我国建筑行业的不断发展,施工效率成为当下建筑行业赖以生存的关键。无论是传统的浇灌式建筑流程还是装配式施工流程,基坑的施工总是建筑施工的主要前提。而基坑施工作为对建筑基础及荷载的主要控制手段,在很大程度上难以通过简化流程的手段达到质量与效率并行的效果。从建筑的安全性上来说,基坑的施工工艺流程应当严格按照规范执行,因此,基坑施工流程的规划就非常重要,它将直接影响基坑施工的效率和耗时。在建筑行业产业化的大趋势下,提高施工工艺对于复杂地质环境下的适应能力,是当下兼顾效率与基坑施工质量的主要技术手段。本节从地质环境的类别与由地质环境引起的基坑施工的相关问题入手,对当下我国复杂地质环境下的基坑施工做相关的问题分析,并针对各个地质环境提出相应的解决措施。

一、基坑施工质量控制体系

(一)质量控制意义

我国的基建行业随着经济的发展正不断成熟,装配式建筑、绿色节能建筑、结构难点建筑不断频繁出现。这不仅说明了我国作为基建行业的大国在技术水平上的造诣,同时也体现了我国建筑施工行业出色的施工水平。但在我国高速的经济发展推动下,建筑行业面临转型升级的迫切需求,基建行业需要建立一套行之有效的质量控制制度,以应对基建行业出口的巨大需求。而在这个需求中,质量控制制度将有效地保障基建行业未来施工的精准度。

（二）质量控制措施

面对陌生的施工环境,建筑质量的主要把控方向应当是对基坑的施工质量进行有效把控。因此,面对复杂且未知的地质环境,建立一套与之对应的施工方案是提高基坑施工质量的有效手段。从质量管控的措施上说,施工单位应当做到以下3点:①强化前期勘查工作的准确性,尤其是对地质环境勘查的准确性,把软基问题作为优先勘查对象,当地质环境下具有不确定因素时,应确定软基成因的尺寸与位置,为施工后期做好铺垫。②优化施工人员结构,对结构验算小组实行技术考核制,严格控制现场施工过程中对地质环境加固的验算工作,确保施工质量。③推行确实有效的基坑施工技术措施,加强面对复杂未知地质环境下的基坑施工技术措施,有效地提高基建行业的施工水平。

二、复杂地质环境对基坑施工的影响

对于具有部分承载能力的地质环境,在面对不一样的地质环境时,往往会对施工现场造成一定的阻碍,下面对复杂地质环境的分类及其相关问题进行分析:

（一）地下水文环境的影响

在适用性较高的结构形式中,高层建筑火灾抗震系数较高的情况下,基坑的开挖深度要比以往传统的建筑深出许多。当项目所在地的地下水位线较高或者土壤含水量较高时,容易引发基坑土壤的黏度增大、灌注浆及混凝土无法凝固的问题。此外,有些国家的区域还有地下高压水源的情况,在施工过程中,如果开挖到类似区域,对施工现场将造成不可避免的灾害。

（二）软地基的影响

从地质结构的种类与形式来看,流沙层是部分存在与结构持力的一种不具备荷载能力的地质成分。而流沙层的持力特性也分为两类:一类是局部的流沙层,流沙层周围仍然是具有承载能力的地质环境,这类的软地基在荷载性质上对主要基础结构并没有太大影响,但需要在施工的过程中强调柱基的埋深部分应当越过流沙层,保持柱基的持力层的位置不收到软地基的影响；另一类流沙层是大范围广面积的地下流沙层，这类流沙层对施工影响较大。而软地基对基坑的施工影响很大程度上体现在桩体搭建的环节上，如果在前期忽视软地基对施工带来的影响，有可能会造成施工过程中的维护墙体坍塌或者地面凹陷等危害，对施工单位或者后期的使用人员来说，软地基都是不可忽视的潜在威胁。

（三）高密度建筑群的影响

随着城市密度的不断加大，地下空间的充分利用成为当代建筑的设计主题之一。在地下室的设计流程中，根据项目的经济性与区域环境的特殊性，会在建筑的底部设置相应的地下空间作为建筑配建部分，实现建筑停车、仓库、短暂停留等多种功能。而根据目前对人防工程的需求，大部分的地下室都需要加设人防空间（多数为二等人员隐蔽或者战时物资库），这就无形中增大了地下基坑的开挖深度。当项目所在地位于城市核心区域时，较大的基坑开挖尺寸还会引起周围建筑的沉降问题，因此，对于在城市群里大尺寸的基坑开挖工作，是目前基坑施工中对外部影响较大的情况之一；严重的，可能会导致基坑挡土墙的坍塌，造成现场安全施工事故；更甚者，当基坑的开挖位置与高层建筑位置邻近时，可能会造成高层建筑的沉降突然增大的事故。

三、应对复杂地质环境的基坑施工措施

（一）地下水井排水与水泥挡板的运用

在应对地下水位过高带来的基坑施工问题时，地下水排水井的设置可以有效解决这个问题。具体的措施为：准确勘查局部地下水的所在位置、地下水的大致水容量与水成分。同时根据前期勘查报告，确定地下水是否是压力地下水。前期工作准备完成后，在地下水的所在位置设置定量的排水井，通过大口径的排水管与高功率的排水泵将地下水排除。同时，关注地下水的去向问题。根据水文环境开发的LID(Low Impact Development，低影响开发理念)原则，在类似场合应回灌地下水，因此，在勘查初期，应当提供地下水文环境的综合报告，对排水去向做好前期 LID 规划，以确保水文生态环境的安全。

此外，在面对高渗透的土壤施工环境时，可以在基坑以下的部位设置排水坑。排水坑的有效影响面积不大于半径 5 m，根据这点对基坑的下部土壤进行水量控制。在水量得到控制之后，通过及时地敷设灌浆物，提高基坑底部的抗渗透性。对于侧墙的水渗透问题，可以在基坑开挖前期，通过在侧墙上涂刷的速干水泥浆提高侧墙的

抗渗透性,并在这个基础上对侧墙进行水泥挡板的施工。

（二）灌注桩施工工艺与灌注浆料的运用

在对待软地基的处理方式上,灌注桩式提高结构地基持力最为有效的办法。通过在基础以下加设跨越软地基的持力桩,进而基础在竖直方向上的荷载能力。在一般情况下,对于建筑荷载中上级别的建筑构造物,可以使用一般的灌注桩进行处理。处理流程通常分为钢箱灌注处理与钢网灌注处理,前者运用的环境较为狭隘,在不考虑地震水平破坏力以及不用考虑地质水平变形的情况下可以使用;而后者使用的范围较广,且普适性较强,适用于广大灌注桩基础建设,但施工过程复杂、成本较高,需要与前者综合对比进行决策。

对于建筑荷载相对较低且软地基是由地下水引起的软地基地质环境,可以通过采用灌注浆料的手段提高地质承载能力。具体的施工流程是:探明地下水的整体分布情况,根据下水含量与空间确定灌注浆料的固化施工方案。在确定下水位置之后,采用排水井及排水泵将地下水抽出,并在抽出之后的插入灌注降管,加压输送浆料直至地下水环境完全被浆料填充,达到固化软地基的效果。在使用灌注浆料前,需要注意2点:①灌注浆料的固化方式使用范围较窄,且使用前应当根据建筑构造的总体荷载确定这个施工方法。②对于地下水文环境的探查应当相对准确,保证地下水环境在总体应当保持与原来的情况一致。这就需要施工单位在水文勘查中保持一定的准确性,对于大面积的地下水文条件,宜采用灌注桩的形式进行软基加固。如果坚持使用灌注浆料的方式,应当向当地环保部门提交相关勘查材料,申请地下水抽出并回灌到周边区域的许可。在手续齐全之后方可施工[李向东.环境污染与修复[M].徐州:中国矿业大学出版社,2016.]。

（三）连续剪力墙挡板的运用

连续剪力墙挡板是在普通水泥挡板上的改进。在应对大尺寸基坑施工挡土墙问题时,具有很好的经济性与安全性。在基坑开挖到一定深度的时候,进行一部分的剪力墙施工,在侧墙上有限设置水泥挡板,稳定侧墙的抗渗透能力,然后在这个基础上根据周边的情况设置设计厚度的连续剪力墙。施工的流程为:基坑开挖至1 m时候,根据渗水情况设置水泥挡土墙;侧墙稳定后,加设模板、钢筋笼、侧墙固定锚;灌注浆体直至浆体稳定;随后继续开挖2 m的基坑;反复施工直到基坑深度达到设计深度。此外,连续剪力墙的施工应当注意以下几点:

（1）剪力墙的设计参数与实际操作无法实施或者参数超规范,例如剪力墙喷射混

凝土的厚度 <80 mm, 内力折减系数 <0.8, 水灰比 >0.5; 或者最下面一排的剪力距离基坑底部 <0.5 m。这些都属于设计参数超规范, 造成实际操作无法实现,

（2）在剪力墙坡顶设置排水沟。这一点最好不要做, 如果迫不得已要做也得离基坑坡顶稍微远一些或者在基坑的底部。这主要是因为任何一种基坑支护型式都会造成基底发生变形, 当在坡顶设置了排水沟的时候, 由于剪力墙的支护结构的变形量比较大, 经常在坡顶会出现裂缝, 把砖砌排水（截）沟给拉裂开来, 这样的话如果沟中有水就会通过坡顶的缝隙渗漏至土压力区, 进而加速基坑发生变形, 这样对于整个基坑是非常不利的。

（3）在实际的项目过程中, 锚杆的锁定值与设计值的预算值往往不能很好地匹配, 从项目的实际经历上看, 当锁定值为锚杆的拉力应值得 0.3 ~ 0.6 倍的时候, 锚杆的设计是最为合理的。

（4）如果锚杆设计配置的钢筋或者钢绞线和计算的荷载不太相符, 超出锚杆的承载基础力, 会导致锚杆无法完全承受基坑的水平压力。

（四）全站仪监测技术的运用

对于在城市核心区域作业的深基坑施工, 对沉降的监测是保障施工安全的必要环节。全站仪是沉降监测中较常见的监测设备。使用全站仪坐标法之前, 应当根据基坑的水平位移的情况设置现场的基准点、观测点和监测点。通常基准点的设置应当保证其覆盖的范围大于基坑的平面范围。在使用数量上通常选择 2 ~ 3 个。

复杂的地质环境对基坑的施工具有决定性的影响, 因此, 根据施工现场所出现的地质环境, 施工单位应具备相应的警觉性, 并针对地质环境准备相应的施工方案。本节从基坑施工质量控制体系的建设点出发, 对当下的复杂地质做了简要的分析并阐述与其相关的应对办法。从施工质量控制的角度上看, 纵向地比较处理办法有益与施工现场做出相应的决策; 在地质的处理办法上, 通过分析多种简单的单一地质处理手段, 来达到复杂地质的处理目的, 并针对施工的主要内容优化施工顺序与成本控制。

第四节 深基坑开挖引发的环境工程地质

由深基坑开挖而产生的环境工程地质问题已成为当今相关部门亟待解决的问题。随着城市建筑的大量涌现以及高层建筑的不断建设, 基坑深度也在不断地加深。本节阐述了深基坑工程中面临的一些问题, 对深基坑开挖引起环境工程地质问题进

行了分析，并基于此提出了相应的防治措施，对以后的深基坑顺利施工具有一定的借鉴作用。

随着城市的快速发展，城市的土地面积逐渐减少，一些大中型城市超高建筑层数高于20层的逐渐涌现出来，而这些高层建筑均包含地下室，因而需要进行基坑的开挖。进坑开挖对周围环境生态，地质体等方面都会产生一定的影响，其中比较突出的是会引起一系列复杂的环境工程地质问题，而这些问题的严重程度与周围的环境、场地的地质条件和基坑开挖的深度等方面有着很大的关系。之前针对城市的环境工程地质问题探究比较多的主要涉及地下水过度开采导致地面沉降，像上海、西安等城市。这些问题的处理和解决是深基坑设计、相关管理部门需要持续关注和探究的。

一、环境工程地质问题分析

城市深基坑开挖导致的环境工程地质问题包括基坑边坡滑移、基坑涌水、流沙及其引起的地面沉陷等方面。平原区的地下水埋藏较浅，地层通常包括饱和淤泥质黏土和软黏土，中夹有细砂层。深基坑的开挖会引起地下水悬浮颗粒涌水和冒砂等严重影响。这都会造成施工过程难以进行，更加严重的会造成对周围建筑、管线等的不良危害。

（一）基坑边坡滑移问题

深基坑开挖通常采用垂直开挖方式，但如果没有有效的支持措施，边坡会失去稳定性并导致整体滑动。在有些采用支护措施的情况下，没有选择较合理的支护结构或者加上别的原因引起的主动土压力大于原定的设计值，挡墙也会产生整体位移，由于承受了较大的侧向力，迫使围护桩变形，坑底隆起，引起边坡产生了滑移。如汉口某工程基坑开挖的深度为6.0m，坑壁采用槽钢制桩成的悬臂式支护。钢桩能力不足在抗土压力方面，导致槽钢出现向坑内偏斜，坑顶则产生与坑壁方向平行的弧形拉裂圈，而且很多点状喷水冒砂在坑底产生，拉裂位移出现在坑顶，其对周围建筑物和地下管线都造成了不同程度大小的影响。

（二）基坑涌水问题

建筑物基坑开挖的深度如果低于地下水位时就会引起地下水涌入基坑。涌入基坑的水通常源于围岩和坑底。基坑涌水有时会造成坑壁失稳，或者因坑壁岩的产生，土体产生机械潜蚀，引起突然的大量涌水，使基坑淹没，基坑周遭土体流失以及沉降的后果。而且地下水位存在位置较浅，在进行深基坑开挖时会改变原来的地下水平衡，造成地下水向基坑内流入。值得注意的是，砂层具有较好的透水性，在基坑壁或底进行揭露砂层时,涌水会更加严重。如果对地下水采取相应的控制措施,将会严重影响施工进度。

（三）流沙及引起的地面沉陷问题

当土层中的黏土颗粒的含量 <10% 且粉粒颗粒的含量 >75% 或者在粉砂层会出现流沙现象。对于流沙的形成是由于较大的基坑内外出现的水位高差,较大的地下水动水压力,动水会将粉砂冲流冒出,造成粉砂层的破坏。挖掘的流沙量越多会导致基坑外的附近地基出现沉塌。水位的降低会造成两种情况:处于土层中的地下水对地上建筑物的浮托力减小,软弱土层因受到压缩出现沉降;空隙水从土中排出会造成土体变形沉降。地下水位的降落量和地面沉降量是对应的关系,地下水位降落出现曲面分布一定会造成附近建筑物出现不均匀的沉降。随着这种沉降逐渐到达一定的程度时,附近的建筑物就会出现裂缝、倾斜和倒塌的严重后果。

二、防治的措施

深基坑工程的设计是需要以开挖施工中的许多技术参数为基础。预防基坑事故的发生最理想的办法是采用预防为主的方法,尽量减少直至消除环境工程地质问题造成的破坏。采取的防治措施一般可以归纳为以下几个主要方面:

（1）合理地进行土压力计算模型和选择合理的开挖、支护类型,这是对预防深基坑环境工程地质问题起到关键作用。由于在各地区的规范中土压力的计算和围护结构内力的计算会出现差异,设计者决策中个人意识局限性的影响和对土质条件的认识程度不同,以及在计算中不同的精度考虑,这些都会导致在设计中存在一些潜在的问题。针对这种现象,针对城市深基坑开挖工程,常常由专家会对地区施工指南进行编制且规定一定要通过专家组进行审核。比如在上海和武汉的基坑设计(上海地区 >7m 和武汉地区 >6m),只有通过专家组的审查之后才可开始施工。这些措施的实施由无数的实例中得到确实有效地防止了灾害事故的发生。在当前,块体模型计算、有限单元法、和其他数值法可以直接地通过计算机进行仿真来研究土体 - 支护体系两者之间的相互影响和变形,运用这种科学、客观、直观的分析手段为灾害事故的防治起到很好的作用。

（2）支护结构的施工质量应该需要改善,支护结构的渗水造成了坑外的水土流失和建筑物的沉降。主要原因是支撑结构的帷幕不密实或接缝处理不当导致漏水。在这种情况下,通常可以采取以下措施:堵塞地面上出现的所有裂缝,防止雨水或其他地表水流入间隙;清除坑周围的地面荷载,并尽可能多地移除泥土在坑的一边为了减小支撑结构上的横向载荷;情况严重时,应立即将土返回基坑。土层加固后,应再次开挖。基坑的内外边缘在滑动面上加固,根据现场展现的滑动现象,结合工程地质资料,可以估算滑动面的位置。加固方式可以是能有效提高土体抗剪强度的基础处理方法,如注浆,高压喷射等,也可用于沿滑动面加固抗滑桩;可以在基坑外泵送和钻孔,超过比基底标高,并通过泵或潜水泵泵送,改变地下水渗流方向,降低地下水位,防止流沙现象的发生。

(3)在降水井点与重要建筑物之间,回灌井和回灌沟的设置可以在降水补给时补充降水量,使基坑附近建筑物一侧的地下水位降落较大减少,从而控制地面沉降速度,使建筑物均匀的沉降。增加相邻建筑物一侧井间的间距距离,调整抽水设备的阀门,减少用水量达到降低降水率的目的;定期观察观测井和沉降、位移、倾斜等观测点。随时了解坑周围建筑物的水位下降和动态变化。同时,我们也必须了解抽水量和沙量,做好对危害的预防评估。

(4)这些年随着支护技术的不断进步和发展,支护技术经历了从单一的方法演变为多元化的技术的历程。自1995年以来,支护技术已经陆续适应不同的深度和地质条件而成功地被采用,如SMW水泥土连续墙、喷锚支护、钢内部支持和装配式钢内支撑。着眼保护周围建筑物出发,我们开始着眼于从被动支护转变为主动支换,并开发出不同类型的软托换技术。从井点降水来看,为降低地面沉降对周围环境造成的影响,在降水过程中在基坑周围设置适量的补给井,或采用密封减压,减压并采用脱水等手段。在环境工程地质问题的基础上,进行合理的支护设计至关重要。一些原有的深基坑开挖没有进行必要的支护设计或边缘开挖设计,导致一些酝酿重大事故。另外,在施工过程中信息化施工被强调,即在施工过程中应随时进行监测,如果发现问题应及时给出反馈,并对设计进行修改或补充以进一步指导施工工程。

深基坑工程通常位于密集的建筑物,地下管线等工程中。尽管这是一个临时项目,但其技术的复杂程度远远要高于永久性基础设施或上层建筑。在进行开挖基坑之前,必须进行缜密的地质调查,以分析和评估可能的会出现的对环境的不良影响。基于此,进行合理的支护设计是必须具备的首要前提。在进行基坑施工的期间应及时监测,如果发现问题要第一时间做出反馈,以避免发生工程事故。对该类问题在实践中和理论上都应该加以重视,进行认真探究,能够进一步完善环境工程地质学的内容,最终能用于实际的问题上来。

第五节 基坑工程稳定与变形的若干问题

改革开放以后，我国城市建设越来越快，城市的基础建设、房屋建筑呈现出井喷似的高峰发展，许多大型的高层建筑、大规模的地下工程等等深基坑工程不断地创新记录。而然各类基坑工程无论从安全、经济，还是从对周边环境的要求来说，都有不同的具体要求，虽然，我国面对这种情况，已经颁布了国家标准，各地区也先后实施了各自的技术规范，但基坑工程设计，由于其复杂性和难度高等因素，还是有很多问题，是相关部分需要研究的课题。

一、国内外基坑工程稳定与变形分析的研究现状

处在一个城市中心地带的基坑工程，一般周围的施工环境会非常复杂，那么在这类基坑工程设计中，为了防止基坑变形，基坑支护结构就要有强大的强度和稳定性。

从 20 世纪 40 年代到 70 年代末，国外很多相关专家就对软黏土深基坑的稳定和变形分析进行过研究，在研究过程中，他们不断摸索，发现基坑开挖空间的大小、顺序和时间，都和软黏土中深基坑的稳定性和变形都与尺寸有关系。国内一些专家在参考了国外研究成果后，也通过理论和实际，再一次证明了基坑空间效应和基坑工程对周边环境的影响。

国内有专家提出，深基坑设计，其实并不是之前所想的二维平面问题，其实是一个三维立体的空间问题，比较复杂。以前是在二维平面假设的基础上，利用朗肯压力理论对围护体系进行设计，这种设计过于保守，过于安全。但其实在设计施工中，应该有大胆的创新精神，应该充分利用空间效应的影响，在较短的边长开挖，同时考虑到基坑端部存在的固端作用，适当减弱基坑端部的支护体系强度，使围护设计更加经济。

二、对目前基坑工程坑底抗隆起稳定性分析

基坑工程在开挖过程中，土体的强度、设计支护机构的强度、雨水、施工震动，坑外严重超载等等内在外在的各种因素都会影响到基坑工程的稳定性。尤其是坑底隆起是发生最多，也是最常见的使基坑工程不稳定的破坏方式。因此，在基坑工程设计中，保证基坑有足够的抗隆起稳定性是非常重要的，也是保证基坑工程稳定安全，减少基坑围护变形的有效手段。

（一）基坑宽度

基坑宽度是对抗隆起稳定性进行分析的首要因素。在分析过程中,笔者通过基本算例,在保持其他参数不做变化的基础上,改变了基坑宽度。当嵌固深度小于基坑宽度后,基坑宽度对整个基坑抗隆起安全系数是没有任何影响的,所以,在算例中,只需要在基本算例的基础上,考虑嵌固宽度大于基坑宽度的条件。另外,汪夏法以及部分城市对基坑工程的技术规范中,是没有受基坑宽度的影响的,所以,计算出来的结果是固定值。

但淤泥土质和粉尘土地的地基基坑中,基坑宽度对抗隆起稳定性是有影响的。比如基坑宽度减小,基坑抗隆起安全系数就会增大,其安全系数的增长率会逐渐降低,从而减少基坑宽度对提高基坑抗隆起稳定性的影响。

（二）嵌固深度

在分析抗隆起稳定性中,嵌固深度也是一个重要因素。在基本算例中,变动嵌固深度,对基坑抗隆起稳定性的影响是这样的,不论是淤泥质土,还是粉土基坑的情况,嵌固深度都影响着基坑抗隆起安全系数,具体表现是,嵌固深度增加,抗隆起安全系数也随之增大;而嵌固深度和基坑宽度相同时,抗隆起安全系数增长的速度较慢,当嵌固深度比基坑宽度大时,抗隆起安全系数与嵌固深度的联系更为紧密,一般是随着嵌固深度的增加,增大的速度也会不断更大。因此,在实际的基坑工程中,可以利用这个特点,增大挡墙的插入深度,使基坑更加稳定。

（三）土体参数

在基坑工程中,土体的重度、粘聚力、摩擦角、泊松比、弹性衡量、固结历史等等土体的参考数据非常多。通过计算发现,假定的滑动面上的剪力提供了土体抗隆起弯矩,而土体剪力和水平土的压力系数和土体的强度数据有关系,所以,土体的强度深深影响着基坑抗隆起的稳定性。在围绕土体参数中粘聚力进行研究时,我们可以看出:土体粘聚力越增大,淤泥土质和粉尘土质两种条件下,基坑抗隆起安全系数均发生了和线性相近的增长,虽然增长幅度不大。在粉土基坑中,抗隆起安全系数从三点七六增长到三点九,增长了百分之三点七,而在淤泥土质基坑中,抗隆起安全系数从一点六八增长一点九三,增长了百倍之十四点九。这就说明,在淤泥土质中,土体粘聚力的变化对抗隆起安全系数有一定的影响。而在土体内摩擦角的基础上变化正负五度的情况下,随着内角增大,淤泥土质和粉土土质的基坑抗隆起安全系数都变大了,淤泥基坑的抗隆起安全系数从零点九三增至二点六四,增长了百分之一百八十三点九;在粉土基坑中,安全系数从二点九七增长四点七五,增长了百分之五十九点九。从这些变化来看,基坑抗隆起稳定性受内摩擦角的影响比受土体粘聚力的影响更大一些。

目前,我国通过对基坑抗隆起稳定性方面的分析和研究,已经出台了很多的规范和要求,但由于计算方法和种类比较的繁杂多样,对基坑抗隆起的安全系数的选择没有进行统一,这些都给基坑工程设计带来困难。因此,在基坑工程稳定与变形的若干问题上还要再进行进一步的分析,以便更好地为基坑工程设计提供参考数据。

第六节　地下水渗流对基坑工程稳定性的影响

随着我国社会主义市场经济的快速发展,基础设施建设进入了全新的发展阶段。基坑开挖作为建筑施工的基础部分,其开挖质量对建筑整体质量有很大的影响。在基坑开挖过程中,地下水渗流对开挖质量有较大的影响。论文对基坑开挖过程中的地下水渗流进行介绍,并研究地下渗水流对基坑工程稳定性的影响。

现阶段,我国的基础设施建设发展迅速,建筑施工技术也得到了较快的发展。但是,在建筑基坑的开挖过程中,仍存在很多问题,其中,地下水渗流一直是容易被忽略的重要问题。因此,必须重视地下水渗流对基坑工程稳定性的影响,从根本上减小地下水渗流对建筑基础的破坏,提高我国建筑施工的整体质量,促进我国基础设施建设的进一步发展。

一、地下水渗流介绍

在实际的基坑开挖施工过程中,当地下水埋藏位置较浅时,需要先对基坑进行抽水处理,以确保基坑挖掘过程中周围施工环境的稳定,为建筑施工的顺利实施打下坚实的基础。当基坑外围有水源分布时,需要建立防水帷幕。由于防水帷幕的建立会造成坑内外水位较大的差距,从而产生地下水渗流,较常见的地下水渗流有稳定渗流和不稳定渗流2种。不稳定渗流主要发生在基坑挖掘深度增加的过程中,其各物理量随空间和时间的变化而变化;而稳定渗流通常出现在基坑开挖结束后,并且地下水位和外部压力趋于稳定后。通常不同的土质达到稳定渗流的时间不同,黏性土居多的基坑需要较长时间才能趋于稳定,而渗透系数较大的土体通常在挖掘结束后就能形成较稳定的地下渗流。

二、地下水渗流对基坑开挖质量的影响

研究地下水渗流对基坑开挖质量的影响时,首先要对地下水渗流的破坏强度进

行考量。只有在充分了解破坏程度和方式的基础上，才能制定相应的施工保护措施，以确保建筑施工的质量和安全。地下水渗流对基坑开挖质量的影响主要表现在渗流对基坑岩土体的影响。通常情况下，由于渗流的作用，岩土体会软化，因此，抗剪强度大大降低。特别是对一些抗剪强度较弱的岩土体，渗流的存在对工程施工的质量和施工安全有很大的影响。

地下水渗流的渗透强度和持续时间不通，对土体的影响也会存在较大的差异。渗透时间越长，对土体的稳定性和抗压性的削弱效果越明显；当地下水渗透作用的时间不变时，渗透强度越大，对土体影响越大。地下水的渗入会导致土体的整体结构遭到破坏，引起周围施工环境既有建筑的稳定性降低。当土体的物理化学结构发生改变后，土体颗粒会发生移动和错位，从而对基坑的稳定性产生影响。

三、地下水渗流对基坑工程稳定性的影响的具体表现

（一）地下水渗流对基坑工程岩土体的影响

地下水渗流对基坑工程岩土体的影响主要包括物理影响、化学影响和力学影响。首先，地下水渗流对岩土体的物理作用是指水分子在矿物表面势能的控制下，在其表明形成水膜，进而对岩土体产生润滑、软化和泥化、冻融的作用；其次，地下水渗流对基坑工程岩土体的化学影响指的是水与岩土体之间的离子交换、氧化还原作用、水化作用、溶蚀作用等，从而影响岩土体的强度；最后，力学影响主要是指岩体中的水分不受矿物表面的吸附力控制，而是受重力的作用，对岩土体产生潜蚀、溶蚀和压力作用。

（二）地下水渗流对基坑土钉的影响

在基坑开挖的土钉支护施工中，土钉对整个支护结构的稳定性有重要的作用。土钉对基坑土体的锚固作用，主要基于土体界面与土钉外表面接触产生的摩擦阻力与黏结力，而地下水渗流会增加土体的水含量，减小土颗粒间的摩阻力，进而影响基坑土钉与土体的作用力。在基坑工程中，当砂浆与混凝土凝固后，内部会产生许多微裂缝，这些裂缝会吸附地下渗水，并在基坑土体周边形成富水区，在土体孔隙水的吸附作用下，地下水渗流将形成黏结水膜，紧紧包住土钉表面，将土体与土钉隔离，降低二者的黏合程度。

此外，在静水压力作用下，土体的抗剪程度会降低，加之地下水的渗透影响，基坑边坡土体内部会产生微裂纹，并且裂纹具有增大贯通的趋势，导致基坑土体会发生微小的位移，由于富水区域部位的影响不同，加之基坑的空间效应，基坑不同部位的

土钉墙会受力不均,进而增加土钉承受的载荷。此时,若拉力大于土钉的锚固力,土钉就会发生位移,进而影响基坑土体中的锚固与骨架作用,由此可见,基坑土钉对基坑挖掘加固的重大作用。但是,在实际的施工过程中,由于地下水渗流的影响会对土钉支护的稳定性造成巨大破坏。

(三)静水压力作用对基坑支护结的影响

根据上述分析可知,地下水渗流会形成具有润滑作用的水膜,使土钉外表与基坑土体相分离,降低二者之间的黏结力,在水膜的作用下,基坑土钉之间的摩擦力也会大大降低,对整个基坑的支护结构造成影响。此外,地下水渗流产生的静水压力会对土体支护结构增加额外的荷载,对土体颗粒产生冲刷作用,增大土体颗粒间的孔隙,而土体孔隙增大会减弱土体的抗剪强度,降低基坑土体的强度,最终导致支护结构失去稳定。

另外,若支护结构附近土体的内部出现细微的裂缝,裂缝随着时间的推移逐渐增大,并出现贯通的趋势。进而土体内部结构遭到破坏,土体会出现微小位移。由于土体位移的产生,使支护结构的作用力受到巨大的冲击。在这个过程中,支护结构的不同部位受力不均匀,支护墙体的破坏严重。这种施工问题可能导致岩土工程的整体失败,基坑挖掘无法顺利进行,影响整体建筑施工的质量和效率。

地下水渗流对基坑工程的稳定性有较大的影响,也是制约建筑项目施工发展和工程勘测质量的重要因素。最大程度地减小地下水渗流对基坑稳定性的影响,是现阶段建筑工程施工的工作重点,也是促进我国基础设施建设发展的必然选择。在此次研究中,主要针对地下水渗流对基坑工程岩土体、基坑土钉以及支护结构的具体影响进行研究,希望能为减小地下水渗流对基坑工程稳定性提供参考性建议。

第七节　建筑基坑工程支护的施工技术

本节分析目前在基坑工程的支护施工技术中存在的主要问题,并合理选择支护方式,严格遵守支护施工技术要点,确保基坑工程施工的质量和安全[国土资源部地质环境司,中国地质环境监测院.地质环境监测技术方法及其应用[M].北京:地质出版社,2014.]。

不少项目作业由于在基坑工序作业未能保障好基坑支护的作业质量而引发生产事故,这不仅对社会主体下的建筑使用者的生命财产带来重大损失,同时又直接关乎建筑项目的投产效益是否能够可观实现。基于此,如何保障基坑支护工序作业可靠安全生产,保障设计合理,以及科学控制好项目作业造价,包括合理缩短工程周期,确保作业进度等,有关责任施工单位就应当对基坑支护技术作业予以极力重视与高度关注,这对保障人们人身财产安全与项目投产运营效益所具有的社会现实意义重大。

一、基坑支护施工方式的合理选择

(一)采用深层搅拌支护的技术特点

建筑基坑工程的深层搅拌桩支护施工技术主要是采用水泥等作为固化剂材料,并通过对水泥浆和软土剂的深层搅拌使其形成固态持续搭接的挡土水泥土柱墙,以实现挡土或止水的目的。这种支护施工技术由于振动和噪音都比较小,因此,对周边居民的日常生活影响比较小。但是该技术由于需要形成较厚的墙体结构,土体的位移比较明显,因此对于施工环境有一定的要求。

(二)采用锚杆支护的技术特点

建筑基坑工程的锚杆支护施工技术主要是在土体或者岩体中固定锚杆的一端,同时降锚杆的另一端与其他支护结构相互融合,从而达到稳固基坑结构的目的。

(三)采用地下连续墙支护的技术特点

地下连续墙是近年来应用比较广泛的基坑工程支护施工技术,其将建筑的基础工程与地下工程融合在一起,能够适应在建筑物比较密集地区的基坑工程施工需要。同时,这一支护施工技术具有较高的刚度,对侧压力的承受能力更强,因此,可以有效减低基坑工程的沉降问题以及土体变形问题的发生概率。

(四)采用土钉支护的技术特点

建筑基坑工程的土钉支护施工技术与挡土墙技术的特点比较接近,其主要结构包括密集的土钉群、加固后的稳定土体以及混凝土喷射面。这种支护施工技术的操作更加便捷,而且其所形成的支护结构具有更强的柔性、重量更轻,施工成本也相对比较低,具有很好的应用价值。

二、基坑工程支护施工技术分析

(一)基坑工程地下连续墙支护的施工技术

在采取地下连续墙方式对基坑工程进行支护施工时,首先要全面了解基坑工程的地质水文条件,制定科学的挖槽施工方案,并对槽段进行合理地划分,避免导墙出现位移变形或者开裂的情况。浇筑混凝土施工时应主要必须按照设计要求来进行混合料的配比，同时在施工过程中应根据具体情况对泥浆性能进行相应地调整。在吊装钢筋笼时必须确保吊装方案的科学性和合理性，避免吊装施工对钢筋笼的刚度产生影响。此外，在钢筋笼内部应为主筋设置平面斜向拉筋以及钢筋的纵向桁架 2~4 道。在接头位置施工时应准确控制拔管的时间。

（二）基坑工程土钉墙支护的施工技术

（1）制作土钉的施工技术。制作土钉时应每隔 2m 就在土钉上设置对中支架一个，并采用焊接方式进行牢固连接使其成为锥形，从而减少土体对土钉所产生的阻力，同时也有利于使土钉保持居中，从而有效防止土钉出现偏心的问题，使土钉具备更强的抗拔性能。

（2）成孔施工技术。施工时主要是通过铲成孔的施工方法来进行土钉成孔，在施工过程中可以根据实际情况对成孔空位进行适当地调整。在完成孔施工后应详细检查成孔的倾角、孔径以及孔深的参数，确保成孔的质量符合设计要求。

（三）基坑工程土层锚杆支护的施工技术

当基坑工程采用土层锚杆支护方式时主要是通过锚杆钻机进行钻进作业，然后将水泥浆注入并进行护壁施工，同时还需将钢绞线穿入。在施工中往往需要多次进行补浆作业，直至达到设计位置时才能锁定。在进行土层锚杆支护施工时，施工人员应先对锚杆进行定位测量，并确定锚杆机的位置。施工时要在审核确认锚杆的水平位置、标高以及钻杆倾角等各项参数均符合施工要求后才能进行钻进作业。如果在钻进过程中有突发情况时应即刻停止施工，并采取有效的处置措施。当钻进达到设计位置时，应空钻出土，取出钻杆，并对锚索进行检查，在对隐蔽性施工内容进行详细记录后再将锚索下入。

（四）基坑工程开挖施工技术

建筑基坑工程的上层支护受土方开挖施工的影响比较大，因此，在开挖过程中应在上层混凝土完成喷射且其强度能够达到 70% 以上后再进行下层土方的开挖施工，防止对土体的稳定性产生影响。基坑开挖时应严格按照设计规定逐层进行开挖，开挖的深度应控制在锚杆设计位置下方的 0.5m。在开挖施工时应根据工程的周边环境以及地质条件来确定分段的具体长度。完成开挖施工后应及时进行支护作业。在采用机械作业方式进行基坑的土方开挖作业时，应避免直接使用机械设备将边坡位置开挖到位，而应为边坡留出 20cm 位置，并通过人工方式来对坡面进行修整和清理。

（五）基坑工程保护施工技术

在建筑基坑工程的土方开挖以及支护施工时应采取有效的保护措施和防水措施,防止地表水或者地下水对基坑工程的安全产生不利的影响。因此,在施工过程中应及时堵塞土方开挖时出现的土体裂缝,并采用设置降排水明沟、流沙井等方式将积水引出基坑。如果基坑工程的支护施工需要在雨季进行时,施工人员应合理设计排水沟。另外对管涌或流沙等问题也要制定科学的应急处置措施,进行有效的防控。同时在建筑基坑工程支护施工的过程中还应进行全天候的实时动态监测,及时了解支护结构的稳定性,以及沉降或者土体发生变形等情况,以保证施工的安全和支护结构的施工质量。

在现代建筑的施工中,基坑支护技术是应用范围十分广泛的一项施工技术,这项技术不仅关系到建筑工程整体的施工质量和效率,同时也会对施工成本产生重要的影响。因此施工单位应准确掌握各种建筑基坑工程支护技术的特点,根据建筑工程的实际情况合理选择支护施工的方法和工艺技术,严格按照设计要求遵守各项施工技术标准,不断提高基坑支护施工的技术水平和施工质量,保证施工的安全和施工进度的顺利推进,并为建筑工程的整体施工质量和结构的稳定性提供更加可靠的保障,从而推动我国建筑行业的现代化发展[温健.工程地质勘察质量风险研究[D].清华大学,2013.]。

第八节　基坑工程安全技术控制

基坑工程是建筑工程的重要组成部分,为促进工程建设效益的提升,保障施工人员的安全,提高深基坑项目工程建设效益,加强施工安全管理是十分必要的。但是在实际的安全管理中仍然存在着一些问题。因此,必须做好安全管理工作,对深基坑施工中的安全问题进行解决,才能充分确保基坑工程质量,避免发生安全事故。基于此,本节就基坑工程安全技术控制进行简要的分析,希望可以提供一个有效的借鉴。

一、工程概况

某高层商住两用建筑分为地上 32 层和地下 3 层,建筑整体面积超过 9.63 万 m^2,呈多边形布局。该工程位于城市繁华区域,施工现场周边环境复杂,地质状况包括了杂填土、残积物、冲洪积物等,基岩为二叠系石灰岩。在对建筑工程进行规划设计时,考虑建筑自身的结构以及对于地下空间的要求,采用深基坑基础的形式,基坑开挖深度 15.6m,周长为 482m。为了保证施工安全,需要设置相应的基坑支护体系。

二、工程安全管理的问题

(一)质量问题

如果工程质量存在问题,会影响深基坑施工效果,甚至带来安全隐患。例如,深基坑开挖不到位、支护工作被忽视,导致深基坑稳定性不足,影响结构的稳固性与可靠性,容易引发安全事故。还有一些施工人员忽视基坑质量控制,由于基坑结构比较松散,为降低风险,在施工中采取加大开挖量的方式来提高基坑稳固性。但这会对周围土体和建筑物产生不利影响,降低结构稳固性与可靠性,甚至加大施工风险。

(二)施工风险

深基坑施工受工程质量和外部结构的影响,可能面临着较大的风险。例如,地质条件比较复杂、不良天气影响、地下水的影响、施工机械故障、地质勘察不到位等,都会引发施工风险。另外,一些施工人员的责任心不强,现场管理人员忽视管理和监督,对存在的安全隐患未及时排除,也会导致深基坑出现沉陷、坍塌等问题,制约着安全管理水平的提升,甚至造成不必要的损失。

(三)返工风险

在深基坑施工中,如果质量控制不到位,忽视安全管理工作,容易导致质量病害的发生,往往需要进行返工。这样不仅延误了施工进度,还增加了施工成本,制约了项目效益的提高。同时在返工过程中,也加大了施工人员的风险,他们在深基坑返工过程中往往面临着较大风险。如果超过合同规定的期限,可能还要承担违约金,增加不必要的资金投入,制约了深基坑项目经济效益的提高。

三、工程安全技术控制措施

(一)基坑开挖安全技术措施

施工前,技术人员要认真复核地质资料以及地下构造物的位置、走向,并掌握本项目施工可能影响建筑物基础的埋设深度。技术人员要根据核实后的资料,并对照施工方案和技术措施,确定正确的施工顺序、选择合理的施工方法及采取相应的安全技术措施。施工安全技术要求如下:

(1)采取分段分层开挖,开挖顺序按批准的施工方案进行,不得随意开挖。

(2)在基坑的周围应设置排水沟,防止雨水或洪水倒灌到基坑内。

（3）基坑四周设立安全防护栏，施工现场四处张挂好醒目的安全标志、安全宣传牌，警示、提醒每个进入现场的施工人员注意安全。作业环境合理采用不同的色彩，尽量减轻作业人员眼睛及全身的疲劳，降低事故频率。

（4）加强基坑边坡沉降、位移监测工作，当基坑边坡变形超过监测警戒值后，立即停止施工，起动应急预案。

（5）从地质勘探资料，本工程基坑土质良好且地下水位深，出现大面积边坡坍塌可能性小，为预防局部边坡现险情，现场准备 10m×6m×6m 方量沙袋用于当局边坡现险情时回填。

（二）孔桩安全技术措施

（1）孔口四周必须浇注硅护圈，并在护圈上设置钢网防护，网眼尺寸不大于 10cm×10cm 孔内作业时，孔口必须有人监护，挖出的土方不得堆放距桩孔 1m 以内。井圈上不得放物或站人。利用吊桶运土时，必须采用可靠的防范措施，以防落物伤人，电动葫芦运土应检验其安全起吊能力后方可启用。施工中应随时检查运输设备的完好情况和孔壁情况。

（2）桩孔开挖深度在 5 米以内时，井上照明代替井下照明，5 米以外时，在井下用安全防护灯照明，且电压不得高于 12 伏。

（3）施工时，注意水泵是否有破皮、断头现象。孔中工人操作必须带工作手套，穿绝缘胶鞋。

（4）随时检查电缆电线等是否漏电，漏电水泵在修好之前一律不准使用。

（5）成孔过程中应一直保持井内通风，经常检查孔内有害气体是否超标，以便及时处理，防止发生意外事故。

（6）加强对孔壁土层情况观察，发现异常情况及时处理，成孔完毕尽快灌注桩硅。

（7）吊放钢筋笼时，钢筋笼下严禁站人，并经常检查钢丝绳、扒杆绞绳。

（三）安全监测控制技术

安全监测预报技术主要应用在基坑支护施工的工作过程中，它主要依靠的是先进的现代化科学设备、装置和一定的技术手段针对周围的环境的沉降、位移、倾斜、开裂、基底隆起、应力、土层孔隙水的压力变化、地下水位动态变动和支护的结构进行系统化、科学化、合理化的检测，从而保证工程的安全。在前期工作中监测岩土变位的各种具体的行为表现，然后根据得到的数据和资料进行岩土信息的有效捕捉，并且根据得到的相关内容比较勘察设计预期性状同监测结果之间所存在的具体差别,针对原来已存在的设计内容和结果进行客观的评价,及时地对方案的合理性作出必要的判断。上述提到的科学的数据分析方法主要有:智能预测控制法、优化分析法、时效曲线法、动态施工粘弹性反演法等等内容。还要对开挖工作的方案和内容提出一些合理化的建议,对于工程中可能出现的问题和相关的不足之处要及时地进行修正,对于危险的行为内容要及时地进行预报和制止。所以在发生危险的时候,要立即采取必要的措施进行抑制或者补救。

在建筑工程领域,深基坑的施工是非常关键的,针对其中存在的安全问题和安全隐患。在实际工作中,应结合工程建设的具体情况,有针对性地采取安全管理对策,提高安全管理水平,预防安全事故的发生,提高深基坑工程质量和施工企业的经济效益。

第九节　建筑基坑工程地下连续墙的发展及施工方法

随着建筑业的蓬勃发展,越来越多的高层、超高层建筑逐渐出现在生活中。要想保证建筑工程的施工质量,离不开先进可靠的施工技术。基坑工程作为建筑工程的重要环节,其施工质量和安全关系到整个建筑工程的质量,地下连续墙的施工可实现基坑工程开挖时对周围土体的支护作用,保证基坑工程的顺利进行。因此,在现代工程建筑施工中,必须要不断完善和改进基坑工程地下连续墙的施工方法,为建筑工程后续施工打下坚实的基础。

一、基坑地下连续墙的发展现状

近年来,随着高层建筑、大型桥梁工程及地下空间建设工程的逐步增多,深基坑开挖和支护技术的方式也在变得多样化,其施工技术水平在长期的实践发展中有了较明显的提升。地下连续墙在众多的深基坑开挖支护技术中,其防护效果和承载能力都优于其他支护方式,尤其是在深基坑开挖和支护中,越来越多的工程实践为地下连续墙的施工提供了较为广阔的实践平台,使得其施工技术经过不断改进和完善,变得越来越成熟。地下连续墙在施工时,要根据工程的具体情况制定适合其要求的施工方案。经过几十年的发展,更多的新技术和墙体材料出现在地下连续墙的施工中,其墙体材料由单纯的混凝土为主变得更加多样化,如土质墙、砼墙、钢筋砼墙及组合墙等,其主要功能也由原来的防渗和支护作用变成建筑物的基础组成部分。在地下连续墙初期应用阶段,由于施工技术不成熟,其主要功能就是挡土和防渗。随着施工技术的逐步成熟,新设备、新材料的开发和应用,地下连续墙逐渐成为建筑物的一部分,甚至是主体结构,在现代工程施工中发挥着越来越大的作用。

二、地下连续墙施工方法分析

（一）施工机械设备分析

地下连续墙施工开始前,需根据连续墙结构的不同科学选取施工机械。首先要对工程所在地的土壤结构、水文条件及周围环境进行调查,在充分了解土质结构的情况下选择最佳的施工机械,如对于土质松软的地基可采用抓斗式机械设备;对密实的砂卵石、岩石等较硬的地基,可选用多头钻或者冲击式成槽机械,如果地基中存在较大的石块,可采用抓斗式切削机将石块抓起。

（二）泥浆的分析

在挖槽阶段,当挖到一定的深度时,容易因土体结构失去平衡状而引发塌方现象。泥浆对槽壁会产生一定的静水压力,可有效提高土体结构的平衡能力。根据具体施工情况,通过对作用于地下连续墙的各部压力计算和分析,施工人员可通过合理控制泥浆比重、泥浆液面高度来进一步提高槽壁的稳定性和抗渗性。同时由于泥浆本身具有一定的黏结性,泥浆表面会形成一层泥皮,施工过程中的土渣、杂质就会悬浮于泥浆表面,进而随着工程的进行被带出槽外。因此,施工人员需根据工程的具体情况,对泥浆的成分、比例进行科学配置,从而保证泥浆符合施工建设需要。从地下连续墙发展初期直至现在,泥浆也经过了不断地改进和创新,目前为了满足工程施工需要,泥浆的种类也变得更加多样化。

（三）地下连续墙的主要施工步骤

地下连续墙施工是一项难度大、专业要求高的施工技术,为保证地下连续墙的施工质量,施工单位要根据工程的实际情况,制定符合施工标准的最佳施工方案,在保证施工质量的基础上,最大限度地缩短施工周期,为企业创造更好的效益。①进行导沟的挖掘和施工,在挖槽过程中,施工人员要重点关注槽内的泥浆比重和泥浆液面高。②成槽后,对槽段进行分段检查和调整,确保接头整体质量。③在进行钢筋笼放置过程中,施工人员要根据实际情况合理确定槽段,并根据槽段的具体长度对钢筋笼进行调整,最后再将钢筋笼焊接成一个整体。④在混凝土浇筑时,要严格控制好导管的距离和混凝土的浇筑高度,施工人员需合理掌握好浇筑速度和振捣频率。⑤待混凝土初凝后,及时拔去接头管。此时,地下连续墙的一个段位施工结束。按照此工序逐段施工,再进行接头处理,形成一个连续的地下墙体。

（四）地下连续墙施工注意事项

在地下连续墙施工时，为了避免挖槽时出现土体塌方，可通过泥浆来提高槽壁的稳定性。在此项工作中，需根据土质的具体情况，对泥浆的比例进行科学配置，力争使泥浆产生的静压力与土压力、上部荷载力达到平衡，从而起到对槽壁的支撑和防护功能。在具体实施时，要安排专人对施工情况进行监测，以便及时发现不足，进而可采取有效措施加以改进，并将工程进展情况及泥浆使用情况做好记录，为类似工程施工提供参考依据。对现场存放的泥浆，要随时对其物理性能进行检验，避免因外力作用使泥浆发生变质，影响工程质量，对于置换出的泥浆，在进行质量检验合格后可重复利用，从而可降低工程成本的投入。

地下连续墙适应性广，对土壤要求低，并且施工时对周围环境及建筑物的影响小，可根据工程需要建设宽度、深度、形状不同的墙体。由于地下连续墙超强的承重能力和耐久能力可作为建筑物的承重结构存在，所以在中国城市地下建筑施工中被得到广泛应用。经过长期的实践发展，地下连续墙的整体性能得到了较大提升，对建筑物所发挥的功能也越来越大，相信在以后的实践中，施工人员将不断创新思路，总结经验和改进不足，使地下连续墙为提升建筑物整体质量保驾护航。

第十节　基坑工程承压水问题的研究

在进行建筑工程基坑施工过程中，施工单位需要针对施工现场情况，选择合理的施工机械设备，控制好基坑的深度，防止出现超挖或者欠挖的问题，重点做好承压水问题的管理，保证工程施工的安全性，防止出现安全事故。因此，本节主要针对基坑工程承压水问题展开分析。

在进行高层建筑工程施工过程中，施工单位需要施工现场情况，重点做好工程承压水的管理，防止破坏周围图层结构，增加工程安全隐患，保证工程建设顺利进行。作为施工单位，要严格设计单位的要求，针对基坑工程承压水问题，制定完善的施工组织，控制好整个施工过程，从而提升施工质量和效率，为建筑工程施工建造良好的施工环境。

一、承压水对深基坑工程的危害

在进行基坑工程施工过程中，在两个地下隔水层之间出现地下水，这一层的地下水就是承压水。承压水具有封闭性的特点，在承压水上部和下部会形成隔水顶板、隔水底板。受到地质运动的影响，在地下会形成比较均匀的隔水层，在施工过程中，一且破坏承压水层，就会引发安全事故。承压水对深基坑工程的危害主要表现在以下几种形式：

①顶托破坏，在顶托被破坏以后，会出现坑底突涌问题，这种承压水危害比较常见，增加了工程施工的安全隐患，出现这种问题主要由于基坑坑底比较薄弱，安全系数不足。②开挖面出现突涌问题，具体表现在由于维护结构不稳定，从而导致开挖面出现渗漏问题。与其他渗水不同，承压水受到内部压力的影响，渗流速度就会不断加快，产生十分严重的事故，并且破坏范围极大。③异常管涌，主要在基坑下围护结构中，出现坑底涌水问题，再加上坑内外存在压力差，防护效果不明显，从而出现异常管涌。④丧失有效应力。在建筑基坑施工过程中，基坑坑底出现比较大回弹，围护墙体踢脚出现大范围的位移，一旦没有采取相应的降压措施，就很难降低空隙水压，丧失有效应力，大大增加基坑的回弹量。⑤出现过量沉降问题。根据以往的施工经验，针对承压水导致的沉降问题，有的施工单位认为只需要采用坑内设井和一定降水措施就能保证施工安全，但是承压水下降，不仅导致周围地层沉降超标，而且影响了周围建筑物的安全，甚至损坏周围的建筑物。

二、治理基坑承压水危害的有效措施

在进行基坑承压水危害治理过程中，施工单位需要根据施工现场，坚持水位控制为前提，沉降控制为中心"的原则，对承压水产生的危害进行全面有效的控制，针对不同的承压水危害模式，制定相应的处理措施，最大限度保证基坑工程施工安全。

（1）施工单位要做好水文地质调查工作，要整合施工现场的技术再聊，对微承压水层进行全面合理的分析和调查，防止出现丧失有效应力的问题。同时在进行施工现场实际勘查过程中，勘查人员需要重点分析含水层与覆盖层的水力关系，精确计算沉降层厚度的取值。施工单位还要精确定位地层尖灭点，防止坑内与坑外出现较大的差距，消除周围的安全隐患。

（2）进行围护——降水一体化设计。在进行基坑降水过程中，会导致围护内外出现水头差，因此，在进行围护过程中，需要按照"围护结构与降水一体化设计"的原则，针对出现的地面沉降控制值，对基坑井点深度和围护结构的插入深度进行科学合理的调整，准确计算坑外水头降落数值，然后按照驱动应力场耦合原则，对地层产生的沉降进行分析，保证在设计范围内。

（3）止水帷幕方法。根据当前工程施工情况，止水帷幕方法主要包括以下几种形式：①灌浆止水帷幕，这就要求施工单位在基坑周围围护墙的透水层，对断面进行渗透灌浆，进一步提升图粒的胶结程度，有效改善土层性质，提升土壤的稳定性，对承压水层活动进行限制，防止土体出现不规则的位移，从根本上解决承压水的问题。为了保证工程施工的效果，进行灌浆止水帷幕施工过程中，施工人员需要先打孔，然后安装好注浆管以后，才能进行施工。②进行深层旋喷桩止水帷幕，在实际施工过程中，施工人员要沿着基坑地下连续墙内侧，进行高压旋喷状止水帷幕施工，控制好实际的施工工序，有效降低实际的施工风险。

（4）采用"降水最小化"措施。在进行基坑承压水降水施工过程中，为了防止地层出现大范围的沉降，施工单位要采取"降水最小化"的措施。施工单位可以采用分层降压和按需降水的方法，在保证施工安全的情况下，进行少量或者短时的抽水。分层降压就是需要分析水力联系的多含水层组，然后计算地层渗透性差异，分析其中的影响因素，有效控制好实际的沉降，设置覆盖层，保证工程施工质量。按需降水就是根据井点实际运行情况，制定完善的施工组织加护，对出现的沉降深度进行严格的控制，进一步优化施工技术方案，采用动态化的安全系数，保证施工安全。

（5）减压降水处理方法。根据基坑降水井的位置，施工单位可以采用坑外降压和坑内降压的方法，为了保证施工质量，施工单位需要针对实际降压对地表的影响，制定科学合理的降压方案。比如在止水帷幕在插入承水层比较浅时，并且周围没有高大建筑物时，可以采用坑外降压的方式。在止水帷幕插入承水层比较深时，需要控制好地表沉降时，可以选择坑内降压。在承压水水位不断下降的情况下，在下降到一定程度以后，就会形成降落漏斗，导致地面沉降。因此，在进行基坑施工过程过程中，施工单位要重视承压水问题的处理，然后采取相应的隔断措施和阻挡措施，提升围护结构的稳定性，保证工程施工顺利进行。

综上所述，在进行基坑承压水问题处理过程中，施工单位需要针对施工现场情况，做好地质水文勘查工作，重点分析承压水的特点，针对潜在的安全隐患，采取针对性的解决措施，保证基坑施工安全。

第二章 深基坑的基本理论

第一节 深基坑的质量控制要点

深基坑在目前的施工实践中比较的常见，其施工质量对工程的整体质量和效率有显著的影响，所以关注深基坑施工中的质量问题十分的必要。从目前的分析来看，深基坑施工中的质量控制需要贯穿施工全过程，所以在各个环节中均需要做好质量控制。为了解决当前施工实践中的质量控制难题，文章结合现实施工中的案例做深基坑质量控制要点的分析，目的就是要为深基坑的安全、有效施工提供指导和帮助。

深基坑是目前工程施工中的重要内容，对工程建设的质量和效率有重要的影响，所以重视深基坑的具体施工十分的必要。从目前的具体分析来看，在深基坑的施工中会遇到各种问题，比如土方开挖质量不高、降排水质量控制地下等，这些问题会严重的影响到深基坑施工的效率和质量，进而对工程整体造成影响，所以做好与之相关的分析和讨论现实意义显著。总的来讲，深基坑施工中的质量控制是必须要强调的，而找到质量控制的要点并做相关性的分析现实意义显著，所以讨论研究深基坑质量控制当中的要点会有非常显著的现实意义。

一、深基坑施工的质量控制

深基坑施工的质量控制是深基坑施工中必须要强调的内容，所以做好多方面的质量控制讨论现实意义显著，以下是具体的质量控制分析。

（一）土方开挖的质量控制

第一是土方开挖的质量控制。从目前的土方开挖质量控制来看，主要的措施有三项：其一是确定合理、科学的开挖方案。总结实践资料可知不合理的开挖方案容易引发周围环境的大变，这于深基坑安全与稳定十分不利，所以需要在综合环境考虑的基础上对土方开挖的方案做全面性的分析和制定。其二是要考虑土方开发的技术。土方开挖的技术不仅影响开挖的质量，也会影响开挖的效率，因此在实践中需要做好相关技术的先进性和成熟性讨论。其三是需要做好开挖的现场控制。土方开挖的现场控制关系开挖的质量和安全，所以对土方开挖的影响因素做具体的控制，使土方开挖能够得到保证,这样,深基坑施工的质量效果必然会更加的显著。

（二）降排水的质量控制

第二是降排水的质量控制。从现实分析来看,在深基坑施工的过程中,土壤水含量会严重影响到具体的施工效率和质量,因此控制施工中的水分降排意义显著。就降排水的质量控制来看,其一是要采用科学的降排水方法。一般来讲,采用排水阻断法的效果较好。所谓的排水阻断法主要指的是在实际的降水处理中,利用排水阻断的方式将区域排出的水分有效抽除,避免水分回流,这样,区域土壤结构当中的水分含量会明显的降低。其二是要严格控制排水施工中的人员素质。排水施工人员的问题分析能力、实践操作能力等均会影响到最终的施工效果,因此通过人员水平控制保证施工的效果,降排水的质量控制水平会有显著的提升。简言之,降排水的质量于深基坑质量息息相关,所以做好相应的控制现实意义显著。

（三）监测过程中的质量控制

第三是要做好监测过程的质量控制。从现实分析来看,深基坑施工的环节较多,而且不同环节的施工差异性较大,所以如果不做有效的监测,各个环节的质量无法得到保证,因此重视监测过程中的质量控制也十分的必要。就监测的具体质量控制而言共有三点:其一是合理设置监测的岗位,检测岗位设置使施工的整个过程都处于监测管理当中,这样,动态性的监测目标得以实现,各项问题的及时性发现会更具效果。其二是监测人员的意识以及素质水平要提高。有了较为专业的监测人员,具体的监测工作开展会更具效果。其三是要重视监测结果的及时反馈,通过效率化的反馈发现问题,解决问题,监测的质量得到保证。

二、深基坑施工过程中的质量控制要点

在深基坑施工的过程中要做质量控制,需要明确质量控制的要点,这样,具体的控制措施利用才会更具针对性。以下是基于实践讨论分析的深基坑施工过程中质量控制的要点。

（一）地面沉降的控制要点

第一是地面沉降的控制要点。从现实分析来看,在深基坑施工中市场会发生地面沉降,这种情况对基坑的稳定性以及整体工程的稳定性有重要的影响,所以要做好地面沉降的控制。就地面沉降控制的具体分析来看,要点有两个:其一是分析研究地面沉降的具体原因。总结资料发现在南方深基坑施工中,沉降主要是两方面因

素造成的：地质活动。南方地形普遍为低矮的丘陵，而且南方气候湿润，岩土的工程力学效果不强，当大量降雨产生的时候，地质活动的频繁性会明显的增加，这会导致深基坑的沉降。水文因素。南方地区土壤的含水量较高，深基坑的开挖会进一步的接触到含水层，含水层土壤的含水量更大，所以在基坑施工的过程中由于荷载的增加，原本的土壤结构会受到压缩下降，进而引发沉降。

其二，了解了深基坑沉降的基本因素后接下来的工作便是进行针对性的质量控制。首先是针对地质活动做质量控制措施的布置。从目前的分析来看，地质活动的频发主要是因为岩土的结构问题，所以在质量控制中需要改变岩土结构。一般来讲，利用灌注桩技术实现岩土的一致性强化，岩土结构的稳定性会明显的提升，其在施工过程中会表现出较好的效果，因此在具体的深基坑施工中，可以通过开挖方法的科学选择以及深基坑桩柱支护加密的方法对深基坑的整体稳定性做强调，这样，深基坑的沉降会得到有效的控制。其次是针对水文因素造成的沉降问题，可以利用挤压排水措施将土壤层当中的水分进行有效抽除，通过这样的方式使得深基坑施工区域的岩土结构更加稳定，这样，因为软土地基造成的沉降问题可以得到控制。简言之，通过桩柱支护技术以及降排水措施的有效利用能够将深基坑沉降问题进行控制和解决。

（二）地下水的处理要点

从施工实践来看，地下水对于深基坑的稳定性和质量效果有着非常显著的影响，所以做好地下水的处理也非常的必要。从目前的施工总结来看，地下水的处理主要有两种措施：其一是降低地下水含量。从现实分析来看，土壤的含水量会影响其力学特性，所以为了使土壤更符合施工要求，可以在施工区域内进行其他材料的掺渗，利用其他材料的吸水特性将原本土壤中的水分有效析出，这样，土壤的力学特征会更加的明显，其对深基坑施工的影响会变弱。其二是采用排水措施进行地下水处理。材料掺渗虽然能够解决地下水问题，但是在地下水含量过高的区域，即使是材料掺渗也无法满足具体的施工要求，所以利用挤压排水等方法对土壤结构当中的水分进行抽取和排除意义显著。

某施工单位在施工的过程中发现深基坑区域的地下水含量严重影响了施工，遂对地下水处理进行分析讨论。经过不断的考察研究，施工单位确定了先排水、后降水的处理措施。在具体的施工中，在施工区域周围进行了间隔 15 米的暗槽开挖，利用振压社设备对区域红壤进行挤压，将流入暗槽中的地下水进行抽取。经过振压抽取地下水之后进行土壤含水的再次测定，确定利用掺渗的方法能够实现深基坑施工的基本要求,该单位利用炉渣灰等作为掺渗材料在区域土壤中进行填充,填充处理后对土壤进行测定,发现其力学特征满足了施工的要求。由此可见,在具体的深基坑施工中,单一的降排水措施难以发挥显著的成效,所以地下水的处理需要多种方式的联合。

综上所述,深基坑施工中的质量问题影响深远,所以必须要对深基坑施工做全面的控制。就目前的分析来看,深基坑的质量控制具体目标和体系比较的清楚,所以针对深基坑质量控制体系构建更为全面和细致的内容,并在实施中掌握控制的核心和要点,这样,深基坑控制的目标会更容易实现。

第二节　深基坑施工地铁保护措施

随着城市的发展,用地越来越紧张,城市建筑不断往高、深发展,地铁越来越普遍,深基坑的施工,难免会遇到临近地铁的情况,而地铁作为保障广大人民群众正常出行重要交通工具,如何在临近地铁深基坑施工中减少对地铁影响,保证地铁的正常运行及人民群众安全,将是施工中的首要任务。文章结合北京市通州区运河核心区新光大中心三期项目深基坑工程,从设计、施工的角度介绍深基坑施工地铁保护措施。

一、工程概况

本工程位于北京市通州运河核心区,基坑东西约 110 m,南北约 160 m,基坑面积 15 080 ㎡,基坑周长约 500 m,开挖深度裙房区域为 22 m,塔楼区域为 24 m。

基坑东侧为地铁 6 号线,地下室结构边线距车站最近距离 12.0 m,距地铁出入口最近距离 2.30 m,距离红线最近距离为 2.15 m,车站主体结构埋深大约 22.0 m;由于地铁目前正在运营,靠近地铁一侧基坑开挖沉降及位移控制要求极其严格,控制值为 5.0 mm,预警值为 3.5 mm。

二、工程地质水文条件

(1)根据勘察报告,137 m 深度范围内地层,由人工填土层、新近沉积土层、第四系全新统河湖相沉积层组成,岩性以填土、黏性土、粉土及细中砂为主,局部夹砾石,按地层的岩性特征及形成环境,将勘探深度范围内的地层划分为 10 个地层单元,19 个工程地质层。其中,第 6 大层以粉土、重粉质黏土为主,层厚 0.50 ~ 4.30 m,层底标高 -20.86 ~ -14.72 m,形成相对隔水层。

(2)本场地岩土工程勘察期间(2011 年 10 月上旬、中旬)于钻孔中实测到 2 层地下水,地下水类型为第四系松散层孔隙潜水及承压水。

潜水~承压水:初见水位埋深 9.50~11.40 m,初见水位高程 11.44~13.91 m,稳定水位埋深 9.90~11.70 m,水位高程 11.54~13.60 m,层水主要赋存于③层细砂、砾石④层细中砂、⑤层细中砂内,水量较丰富,由于受不连续分布的④-1 层、⑤-1 层黏性土层阻隔,局部具有微承压性。

承压水:初见水位埋深 40.00~45.00 m,初见水位高程 -21.16~-16.52 m,稳定水位埋深 15.00~16.50 m,水位高程 7.18~8.25 m。该层水主要赋存于⑦层细中砂、⑨层细中砂内,水量较丰富,受⑥层粉质黏土及其上覆土层阻隔,具有较高的承压性,水头高度约 25~28 m。

项目距离通惠河 173 m,通惠河河水与场区潜水~承压水存在一定的水力联系,但根据邻近工程抽水试验期间水位监测结果分析,抽水期间河水对地下水的补给并不明显,因此,在基坑降水方案设计时未考虑河水对地下水的补给量。

三、深基坑施工对地铁及周边影响分析

(1)对地铁影响包含:造成两轨道横向高差、轨向偏差与高低差、轨道沉降、隧道结构沉降、隧道结构隆起、隧道结构水平位移、隧道结构差异沉降、车站与区间隧道变形、地铁围护结构变形等。

(2)对周边环境影响,包含:坑外土体倾斜、坑外地表沉降、坑外水位变化、建筑物沉降、建筑物裂缝、周边管线位移、周边管线沉降等。

深基坑施工一般处于闹市区,一旦发生以上事故的一种或几种将造成十分恶劣的社会影响,对城市的发展和建设带来严重损失。

四、地铁保护措施

(一)基坑设计保护措施

1.采用地下连续墙止水帷幕。

基坑东侧距离地铁 R6 地铁站 50 m 范围内采用地连墙止水帷幕,地连墙宽度 800 mm,地连墙接头处采用高压旋喷桩进行封堵。由于地下连续墙墙体刚度大,整体性好,采用工字钢接头,止水效果好,有利用地铁结构的保护,同时,为进一步减小地连墙施工对地铁影响,预防地连墙成槽槽壁坍塌,地连墙施工前,支护结构与地铁结构之间采用高压旋喷桩进行地基加固。地下连续墙嵌固进入第 6 层相对隔水层,阻断承压水,坑内设置疏干井,进行坑内降水,坑外设置应急降水井,必要时启动,保

证基坑施工安全。地铁50 m范围以外施工对地铁影响较小，采用支护桩＋高压旋喷桩设计，可降低建设成本，缩短施工周期。

2. 采用分区施工思路。

将整个基坑分为东、西两个区（东区为靠近地铁，宽度约20 m范围，以下称分区二；西区为远离地铁区域，以下称分区一）。主塔楼位于分区一内，为减少整个基坑暴露时间过长，对地铁造成的影响，按照设计要求，待分区一地下结构施工至±0.000后，再进行分区二开挖，同时为避免分区二开挖卸荷后基坑变形，将地连墙用四道 Φ609×16钢支撑与结构顶紧。在分区二土方开挖过程中，从上到下依次施工四道钢支撑，随分区二结构的施工，再从下到上将四道钢支撑依次拆除。每道钢支撑拆除前，需要先施工C20混凝土换撑带，确保地连墙受力减少突变。

3. 采用隔离桩设计

在分区二沿南北向布置49根隔离桩，形成隔离屏障，隔离桩桩长85 m，桩径1.5 m，净间距500 mm，与基础底板脱开，隔离桩自地面开始施工，钻孔深度107 m。

隔离桩作用如下：（1）避免土体开挖后，坑外压力向坑内挤压造成坑内隆起，引起基坑周边沉降。（2）避免坑内施工超高层施工，产生的水平挤土效应，造成地铁变形。（3）竖向隔断作用，避免不均匀沉降，将坑内外竖向变形隔断，形成沉降槽。

（二）深基坑施工保护措施

1. 坑底预留土方

基坑开挖时坑底预留10 m土方，在此工作面上施工灌注桩，可起到坑底加固作用，减小基坑开挖引起的坑底回弹量，待桩基施工完毕，再开挖至坑底。

2. 基坑开挖

分区一土方开挖：（1）按照离地铁由远及近开挖，减少临近地铁一侧基坑暴露时间；（2）应按分层、分段、对称、均衡、适时原则开挖；（3）基坑开挖面上的锚杆未达到设计要求时，严禁向下超挖土方。

分区二开挖：（1）沿南北向分四个区域开挖（自北向南依次为A/B/C/D），开挖时先开挖AC区域，然后开挖BD区域；（2）沿围护结构采取阶梯开挖的方式进行土方开挖，每10 m为一个阶梯，每个阶梯高度为1.5～2.0 m；（3）各区域之间需进行放坡或简单喷锚处理，放坡坡度不小于1：1。

3. 地下连续墙施工及地铁原支护结构钢绞线切除

地连墙单元槽段应采用间隔一个或多个槽段的跳幅施工顺序，每个单元槽段，挖槽分段不宜超过三个。成槽机掘进时，必须做到稳、准、轻放、慢提，一方面，利用成槽机的垂直度显示仪和自动纠偏装置来控制成槽过程中的槽壁垂直度,另一方面,用经纬仪双向监控钢丝绳、导杆的垂直度。挖完槽后用超声波测壁仪进行检测,确保成槽垂直度符合设计要求。

地连墙施工部位临近原地铁支护结构,钢绞线较多,为避免扰动土层,在挖槽机挖斗两侧焊接合金板,利用抓斗咬合力切断钢绞线。地连墙施工过程中,轻下慢放,如抓斗遇到锚杆,立即停止挖土施工,采用抓斗的咬合力切断锚杆后再进行挖土成槽施工。锚杆切割过程中,严禁采用抓斗直接拉扯钢绞线,尽量减小对导槽的影响。

城市中深基坑施工,本身难点就较多,尤其是牵扯到运营地铁、环遂等,对施工建设带来了更多的阻碍和难点。因此,在深基坑的设计、施工过程中,必须严格把控,做到:第一,基坑设计结合实际,多借鉴先进技术及成功经验;第二,现场施工提前策划,加强管理,严格按照图纸、方案施工;第三,加强基坑监测管理,一旦发生异常,立即响应预案,采取相应措施后再施工。

第三节　建筑深基坑工程的监理控制

深基坑工程很容易对周围的管道、线路及建筑物产生影响,必须加强其施工监理控制,否则很容易受工程地质和水文条件的影响,出现质量问题,导致边坡失稳,甚至出现坍塌事故。

一、建筑深基坑工程的特点

(一)深度逐渐加深

随着建筑高度的不断增加,基坑也在不断加深,其施工难度不断加大。深基坑是指深度或者支护结构超过 5 m 的基坑。深基坑项目必须加强施工设计、施工检测及支护设计等,确保深基坑施工的整体安全,并且不会对周边环境造成影响。

(二)基坑支护工程存在一定的安全隐患

由于大多数深基坑支护工程为临时工程,施工单位往往会偷工减料,造成安全隐患。

深基坑施工周期相对较长,施工过程中很有可能遇到突发情况,例如暴雪、降雨等,导致深基坑工程风险性大大提高。对于在交通发达、人员密集区域进行施工的高层、超高层建筑工程来说,环境因素可能导致深基坑施工产生一定的安全隐患。

（三）质量要求较高

不同区域的地质、人文条件存在一定的差异,建筑工程深基坑的支护方式也不尽相同,必须严格根据实际情况选择合适的深基坑施工方案。同时,由于深基坑工程结构众多,必须要根据当地的实际施工特点,加强深基坑工程的质量管理,保证施工安全、有序地进行。

二、施工方案制定过程的监理控制

（一）审核施工方案

原则上必须由施工总承包单位编制施工方案,如果深基坑工程实行分包,则由专业承包单位组织编制,必须要组织专家对专项施工方案进行具体论证。在专项施工方案设计完成之后,必须要由当地的施工管理部门组织施工、安全、质量监管等技术人员进行审核,审核合格之后由施工单位技术负责人签字,实行总承包的,则由总承包单位技术负责人以及相关承包单位技术负责人签字。审核人员必须要对施工方案涉及到的所有施工技术进行全面的了解,此外还应该结合施工情况及设计方案,对施工技术的应用情况进行审核,这样才能够避免施工方案和施工技术存在误差。在监理过程中也应该对实际施工情况进行全面的分析和了解,通过对施工方案的全面核查,如果发现与施工情况不相符的问题,必须要向设计人员提出,并且协助设计人员对建筑深基坑工程设计方案进行全面的修改,通过这样的方式能够保证建筑深基坑工程的整体质量,也可以为后续施工提供相对便利的条件。

（二）落实施工方案

在深基坑施工方案的实施过程中,要督促施工单位建立、健全安全生产责任制,认真落实安全教育、安全交班、安全交底。监理人员每天要定时巡检,发现异常情况要及时处理。所有工人都必须持建筑工人平安卡上岗作业。施工过程中应保证基坑周边荷载不超过设计荷载的阀值,在深基坑周边两倍范围内严禁搭设职工宿舍。

三、施工过程的监理控制

（一）施工前的监理控制

在施工准备阶段的监理过程中,监理人员最主要的就是严格根据国家法规及地区政策,对施工设计文件进行监理,对具体的工程实施细则进行分析,保证建设项目有效开展。在工程勘察阶段,监理单位必须要对工程勘察报告进行认真的核查,提高勘察报告整体的质量与水平，此外，监理单位必须要积极主动地收集施工场地周边的地质、水文条件，保证更加精准地进行施工判断，对设计方案进行全面的审核。监理单位必须要加强对于项目勘察准确性的分析，并且提请相关审查机构进行严格审查，提高设计图纸的科学性与合理性。应该对图纸的准确性进行认真监理，对设计参数取值、周边建筑管线、地质条件等相关因素进行全面判断，发现问题必须及时处理。

（二）施工中的监理控制

加强施工质量审核。由于深基坑支护桩可能会受到水平方向压力的影响，所以必须保证支护桩的制作与安装、钻孔与钻杆之间的垂直度符合设计要求。检验钻孔的孔深、孔径及泥浆指标等是否符合要求。在钢筋、插筋吊放之后，要严格检查钢筋楼的长度、直径、箍筋等，如果不满足设计要求，则必须要求施工方立即整改。

（三）竣工后的监理控制

向基坑监测单位提交完整的基坑工程监测报告，报告必须包含工程概况、基坑监测方案、监测依据、监测平面图和立面图、采用的仪器设备和监测方法、监测数据处理办法等内容。对于施工周期比较长或者特大型的基坑工程，可根据实际情况提供阶段性基坑监控报告。

通过科学的深基坑工程施工监理，能够有效地保证整个建筑工程的安全。通过对深基坑工程设计和施工的全面分析，结合工程实际的地质、水文条件，能够选择最佳的深基坑施工方案，并且充分发挥出支护技术的作用，确保施工监理的质量得到全面的提高。

第四节　地铁深基坑智能监控系统

通过深基坑智能监控系统研发和应用，有效解决传统人工监测一些问题，实现深基坑监测智能采集、智能传输、智能计算、自动报警的四大功能。并对智能监测数据与人工监测数据进行对比和分析，进而验证智能监测技术在时效、人力、精度和风险四个方面相较人工监测的巨大优势，明确智能监测技术在深基坑施工的实用性及有效性。达到减少人力资源耗费和人工误差、对超限数据自动预警的目的，更好的防范基坑风险，有效保障基坑安全。

一、深基坑智能监控系统背景

在深基坑施工中，目前国内大多采用的传统人工监测整个过程需要监测人员携带测量仪器到施工现场进行人工测量记录，然后进行内业整理监测数据，编写监测报表，如果发现有指标超过预警值，则启动相应的预警程序。

其中人工测量和报表的编写工作都占用大量的人力资源，而且基坑周围施工环境条件复杂，人工测量易受外界因素干扰，影响监测数据的精准度。监测数据需要人工进行分析对比，发生预警难以在第一时间通知相关人员，不利于风险控制。同时人工监测的监测频率较低，监测数据是离散的、非实时的，也不便于进行分析和整理。

以上问题都说明传统的人工监测已难以防范深基坑施工期间的基坑风险，且浪费大量的人力物力，监测质量较难保证。为解决这些问题，更好的控制基坑风险，必须对传统人工监测模式进行跨越性的革新升级，而研发和应用智能监测技术就可以有效解决这些问题，使基坑风险的防范达到信息化、智能化的水平。

二、深基坑智能监控系统技术措施及技术目标

（一）技术措施

针对深基坑人工监测模式存在的效性差、精准度低、数据不连续、无法自动预警等一系列问题，最直接有效的解决办法就是将基坑监测与"互联网＋"、云服务、大数据等信息化手段相结合。同时借鉴高铁自动化监测技术的优点，深入研究智能实施原理、软件逻辑架构、硬件组成、云计算等关键技术，并将硬件选型安装、软件编制和数据采集相结合，形成一套能够在深基坑中应用的智能监测系统。该智能监测系统通过对高铁监测技术的24小时预警、数据精确、无人工误差等优点的吸收和借鉴，同时结合深基坑工程的施工特点，达到有效防范风险，保障基坑安全，实现信息化监测管理的目的。

（二）技术目标

通过研发的应用深基坑智能监测技术，预计达到以下目标：

①能够有效解决人工监测的效性差、精准度低、数据不连续、无法自动预警等问题，实现基坑监测智能采集、智能传输、智能计算、自动报警的四大功能，使基坑监测达到信息化、智能化水平。

其中智能采集是通过预埋的感应元件自动对施工现场监测数据进行采集；智能传输是将已采集的物理信号转换为数字信号，自动传输到云服务器；智能计算是通

过云服务器端对接收到的数字信号进行数据解算；自动报警是通过对监测数据进行自动分析，实现超限数据的自动报警功能。

②通过智能监测数据与人工监测数据进行对比和分析，最终验证智能监测技术在深基坑工程的实用性和有效性，真正实现深基坑监测手段的全面革新升级。

三、深基坑智能监控系统应用原理

（一）深基坑智能监控系统组成

深基坑智能监测技术是由三部分系统组成，第一部分就是数据采集和传输系统，主要由数据采集单元、监测传感器及发射器组成。数据采集单元主要负责收集施工现场的监测数据并传输到监测传感器，再由监测传感器将已采集的物理信号转换为数字信号，通过信号发射器发送到阿里云服务器。

第二部分是在云服务器端，云服务器端对接受到的信号进行保存和数据解算，同时将数据存档并实现自动预警。

第三部分就是电脑端和手机端的软件系统，软件系统将在云服务器中接收到的数据通过电脑或手机进行展示，在软件系统上我们可以实时查看监测数据和预警情况。

整个监测过程工作原理简单来说就是传感器收集相关的数据然后在后台解算数据，最后在电脑端和手机端的软件系统中查看监测预警信息，通过智能监测数据的分析和自动预警来有效保证基坑安全。

（二）明确智能监测项目

深基坑监测项目共包含围护结构体系监测和工程周边环境监测两部分。其中围护结构体系监测包括围护结构顶部沉降、水平位移监测、围护结构水平位移监测、支撑轴力监测、格构柱沉降监测、基坑回弹监测；工程周边环境监测包括周边地表沉降、建筑物水平、沉降及裂缝、倾斜监测、坑外地下水位观测、管线监测。

通过对深基坑监测项目的分析，将监测指标中最主要的三个指标，也即潜水水位监测、墙体水平位移监测、支撑轴力监测作为自动化监测项目。通过自动化监测系统对这三个指标的监测数据的跟踪和采集，能够较及时的反映深基坑的安全状态，有效防范工程风险。

（三）施工现场智能监测点位布设

在某地铁深基坑施工现场的 3 个断面的监测点位，每个断面分别布设了墙体水平位移监测点位、地下水位监测点位、支撑轴力监测点位。

①墙体水平位移监测点位是在测斜管内安装了测斜仪,用来监测墙体水平位移变化。

②轴力监测点位是主要是安装在钢支撑上的轴力计以及安装在混凝土支撑钢筋上的轴力计,用来监测钢支撑和混凝土支撑的轴力变化情况。

③坑外地下水位监测点位是在水位观测井内安装了水位计,用来监测坑外的地下水位变化情况。

这三个监测点位的监测数据通过监测感应元件进行收集,并通过传输线缆传送至监控中心的数据采集单元,并通过监测传感器转换成数字信号后发送至云服务器。然后在云服务器端对数据进行解算后在电脑端和手机端进行展示。

四、深基坑智能监控软件设计

(一)深基坑智能监控系统软件概述

深基坑智能监控软件是一套针对深基坑的智能监测系统的应用软件。该软件是采用云计算,通过云端对大数据进行分析,解决传统的人工监测手段存在的信息化和自智能化程度低等问题,更好的进行防范风险,保障基坑安全。系统软件包含3部分,分别是运营在云服务器上的服务器端软件、运行在个人电脑上的客户端软件及安装文件、运行在安卓手机客户端软件。

(二)监测系统软件特点

①项目信息全景展示。软件通过照片、项目介绍和GIS地图方式使用户对项目和施工单位情况有个全面的了解。

②多种方式查询监测数据。软件可以通过数据表、曲线图、时程、断面多种形式查询监测历史数据,方便用户进行对比和分析。

③数据超限时自动预警。软件完全按照深基坑监测规范制定预警规则,发生数据超限时第一时间以推送消息的形式发送给相关用户,并且在软件显著位置上显示预警情况,不错过任何一个风险点。

④在线提交和查看监测报表。软件能够实现监测报表在线提交,用户可通过电脑和手机在线预览、下载或通过社交软件分享。

⑤在线查看CAD图纸。通过软件可以在电脑和手机上随时随地查看图纸,方便施工。

⑥人工监测数据的提交和管理。支持将人工监测数据提交到系统和智能监测数

据一同进行查询和预警,使监测项目的实施更加灵活。

（三）电脑客户端软件开发成果

电脑客户端系统软件为一个运行在 Windows 操作系统上的客户端软件,在该客户端软件上共计分为项目展示、项目信息、测点概览、监测数据、预警信息、监测报表、图纸查看、人工数据提交、综合管理 9 个模块。

①项目展示:在项目展示界面,将展示基坑的整体概况,包括基坑的平面图、剖面图、测点布设断面图等信息。

②项目信息:项目信息模块主要介绍监测基坑项目概况、监测等级、监测单位情况、监测项目及频次、控制指标等内容。

③测点概览:该模块对基坑布设监测点位进行整体展示,同时展示每个监测指标的信息,监测点展示支持 CAD 图纸上传功能。

④监测数据:在监测数据界面可以进行监测数据的整体展示,并对监测数据进行分析处理,形成监测数据曲线图,通过该界面可以查询每一个监测点的监测数据,及时了解监测情况。

⑤预警信息:在预警信息界面可以查看监测预警状态,由于该系统实现了自动预警功能,可以及时查看预警级别、预警模式、预警点位、超限时间、当前状态、预警曲线等信息。

⑥图纸查看:该模块可以实现 CAD 图纸监测点位的查看,通过将工程 CAD 设计图纸进行上传,方便及时查看。

⑦人工数据提交:通过该模块对每一个监测点位的人工监测数据进行整理及提交,并显示监测时间、提交人、测点个数、测点号、测量值等信息,便于更好的进行数据分析。

（四）手机客户端软件开发成果

为方便监测人员随时查看监测信息,研发了基于手机端的 APP 系统,通过手机APP 下载安装,手机客户端是一个安卓平台 App,下载安装后可以与电脑客户端实现数据统一查询和管理。更方便的随时随地查看系统的各项信息。

①项目信息展示。在项目信息展示界面主要介绍监测基坑项目概况、监测等级、监测单位情况、监测项目及频次、控制指标等内容。

②测点状态和数据查询。在测点状态和数据查询界面可以展示每个监测指标的信息及实时监测数据,并形成监测数据曲线图,及时了解监测情况。

③监测自动预警及状态查看功能。该手机端APP可以实现预警信息手机自动推送功能，可以随时随地的第一时间收到自动预警信息，并在手机通知状态栏出现通知信息。点击预警信息就可以进入预警信息界面，可以查看监测预警状态、预警级别、预警模式、预警点位、超限时间等信息。

④监测数据在线查看和分享功能。通过手机端APP可以实现监测数据的实时分享，可以通过微信、腾讯QQ、电子邮箱、短信的形式进行数据的实时分享，保证管理人员都能够在第一时间掌握施工现场的监测状态。达到24小时无空隙的掌握基坑安全状态。

①深基坑智能化监测技术能够实现智能采集、智能传输、智能计算、智能报警四大功能，实现了基坑监测从人工到智能的跨越，使基坑监测达到信息化、智能化水平。②通过将智能化监测数据与人工监测数据进行对比和分析，智能化监测数据与人工监测数据相吻合，采用智能化监测技术能够及时有效的对各项监测指标进行自动监测，明确了智能化监测技术在深基坑工程的实用性和有效性。③通过对墙体深层水平位移、地下水位、支撑轴力3个监测指标的智能化监测数据曲线进行分析，监测数据成果能够与深基坑开挖施工工况对监测指标的影响规律保持一致，能够真实准确的反映基坑安全状态，更好的进行基坑风险的防范。

第五节　深基坑工程的风险控制实践

社会经济的发展和城市化进程步伐的加快，使得城市（特别是上海等超大城市）的土地资源日益紧张，建设工程不断向高、向深发展成为必然，随之而来的是工程基坑规模越来越大，工程施工管理特别是基坑工程管理风险成倍增加。因此，如何提前一步进行基坑风险识别和控制，有效降低风险，保证工程安全，显得愈发重要。

一、基坑风险控制

基坑工程的风险因素存在于基坑施工各个工序中，包括围护结构、桩基、基坑降水、支撑、开挖等全过程。风险识别将基坑施工的主要控制目标设为风险控制目标（项目的安全、质量、进度、经济效益等），在进一步树立形成具有层次结构的风险因素后，就可以采用层次分析法进行风险识别和评估，梳理出风险项目层、风险目标层和风险因素层的对应关系，对相关内容进行详细分析，采取有针对性的应对措施加以控制，可以将控制论的预先作用发挥到实际工程。

一般将基坑风险分为技术风险和施工操作风险，根据工程实际和现场施工经验，汇总出相应的应急措施。

基坑风险控制涉及设计的科学性、施工方案的合理性、监控数据的准确性、施工过程中所运用的方法措施的可行性。在基坑施工过程中,运用施工风险控制技术,通过风险分类、风险因素分析,汇总风险因素并采取相应的应急措施,可在最短时间内有效控制住异态改变的进程,尽早消除初期安全隐患,避免因忽视异态信号和趋势或采取无效措施而引发的灾难,减少社会经济损失。

二、案例分析

(一)工程概况

某工程地下为整体大地库,地上包括 3 个单体,地下 2 层。基坑面积约为 8 800m2,开挖深度达 10m;基坑安全等级为二级,环境保护等级为二级。基坑围护结构采用混凝土灌注桩结合三轴水泥土搅拌桩止水帷幕的形式,内部设置两道钢筋混凝土支撑。止水帷幕采用 Φ850@600 三轴水泥土搅拌桩,基坑内局部采用二轴水泥土搅拌桩加固坑底。

本场地临近黄浦江边,经围垦吹填形成,表面以 1 层吹填土(黏质粉土)为主,部分为原海滩沉积的 2 层淤泥质粉质黏土,总厚度约为 3.3m 左右;第 3-1 和 3-2 层砂质粉土较厚,最深处达 15.3m。基坑东、西、南侧为市政道路,基坑边距离市政道路最近约 2m,道路下分布有上水、信息、雨水、煤气等管线。基坑北侧为某民办幼儿园,基坑边距幼儿园最近约 2m。基坑周边管线分布较多,且均在 2 倍基坑开挖深度之内。

(二)基坑风险评估及控制措施

本工程属深基坑工程,其周围环境复杂,周边管线、房屋特别是幼儿园房屋距离基坑较近,存在突出的技术风险和施工风险。因此,需从项目前期的勘察、设计、施工方案评审及项目施工中的安全管理、监督管理、第三方信息化监测等方面,采取一系列措施来降低施工风险,确保实现工程管理目标。

1. 勘察设计风险及控制

勘察设计阶段的风险在于:①勘察报告与实际工程地质情况不符,局部地质存在明显差异;②设计施工图纸特别是基坑平面布置不合理,验算存在偏差等。考虑到相应风险,从招标阶段就选择有资质和经验的勘察院、设计院进行勘察、设计,并按相关管理规定,对基坑设计图纸进行专家评审,进一步优化设计方案。同时,提前预判可能对周围环境的影响,在设计阶段就要采取相应措施。本工程的工程桩和围护桩全采用了钻孔灌注桩,最大限度地减小了桩基施工对土体的挤压扰动,以避免对管线和房屋造成不利影响。

2. 基坑变形风险及控制

基坑工程做大的风险在于基坑本身过大的变形造成基坑局部或整体坍塌，引发严重事故，因此，基坑的变形控制贯彻始终。

本工程基坑属"危大工程"，基坑施工方案经过专家评审，在施工准备阶段对施工方案进行审核，要求施工单位采取更加缜密的措施。严格控制施工顺序、方式等，如采用盆式开挖时，应严格控制分层边坡坡度（不超过 1∶1.5），并在首层支撑混凝土强度达到 80%，且栈桥混凝土强度达到 100% 后进行。

基坑开挖前，对施工方案认真交底，并进行条件验收；在开挖施工过程中，采用信息化施工控制法，对基坑进行有效的监控和管理。施工过程中，注重收集相关数据和现场实况进行分析和预测，并加强基坑边巡视，如发现基坑边有斜向裂缝并持续延伸，应立即召集设计等相关单位研究对策、制定方案，并根据方案对基坑周边采取加固等临时措施。

开挖期间，以环境监测报告为依据，对其中的数据进行详细分析，用图表的形式来研判、监测项目的发展趋势，以求及时掌握基坑动态情况，及时采取对策，确保基坑施工的安全。

3. 降水风险及控制

基坑开挖阶段，地下水特别是承压水会对基坑施工造成安全隐患，主要是基坑突涌造成立柱严重变形，使支撑结构局部甚至整体失效。风险控制一是要在勘察阶段对地下水文条件勘察清楚；二是在施工降水阶段，布置合理的降水井，并进行水位监测。

根据本工程特点，经计算需考虑 2 层的降压，且无需考虑层的降压。本工程止水帷幕隔断 2 层，为有效做到按需降压，考虑单独布置降压井进行降压。因本工程落深坑分布范围较广，基坑降压井主要布置于降压要求较大的落深坑处；对于降压要求较小的，则靠远处降压井的影响来达到水位下降目的。考虑到工程场地紧凑，本次降水井共有 35 口疏干井，8 口降压井分布在栈桥边。

本工程降水工程交由专业分包施工，通过信息化管理，每天统计降水量，预估降水时间，便于总包方安排基坑开挖时间，有效防止了因降水不到位而引起的基坑隆起、基坑积水等安全事故。

因基坑周边环境复杂，故于坑外布置 2 层观测井 6 口，用于监测坑外承压水位变化及坑内降压对坑外的影响。

4. 基坑施工安全管理及监督

基坑施工管理风险在于无严格的管理体系或执行者存在麻痹大意等疏忽行为，因此，建立健全管理体系，提高执行力至关重要。

在基坑施工阶段，要求监理单位建立"危大工程管理台账"，做好土方开挖过程的巡视检查工作。开挖前，根据专家评审的施工方案进行安全技术交底，在施工现场的显著位置公告危大工程名称、施工时间及区域，并设置安全警示标志。基坑开挖阶段，项目专职安全人员应按规定对危大工程进行施工监测和安全巡视，一旦发现安全隐患要及时处理，重大安全问题要按程序上报；项目部结合危大工程专项施工方案编制实施细则及应急预案，并对危大工程施工实施专项巡视检查。

5. 第三方监测

基坑施工除去基坑本身变形、发生质量事故的风险，还有基坑施工对周围环境影响造成的纠纷风险，因此，应根据相关管理规定，及时预判此类风险并引入第三方检测机构，可以降低风险，提高工程管理效益。

一般基坑工程项目都特别注意对基坑本身如支撑内力、立柱变形、基坑变形、地下水位等的监测以实现基坑变形控制，但往往对周围房屋等的监测不够重视，从而引起纠纷。本工程北侧为幼儿园，根据相关管理要求，引入第三方监测单位，对基坑周边 2 倍范围内的建（构）筑物进行监测，包括沉降、倾斜、裂缝等。基坑施工前，应对周围房屋的基础形式、层数等有一个细致的排查，在地质勘察报告和环境调查报告的基础上，对资料和现场要有一个细致的复查。对周边建筑物现状的调查，要留取现场真实证据，避免将来引起纠纷。

深基坑工程本身及对周围环境影响方面均有突出的风险，因此，预判、识别各阶段风险并采取风险管理、控制，是实现工程管理目标的保证。风险存在于人和物，存在于技术、施工、自然环境、社会环境等等，因此，风险分析与分类可以较好地梳理出工程主要风险因素，有针对性地采取措施，从而有效控制不利因素，确保基坑施工的安全。本节仅针对地下工程风险控制的实际运用进行初步阐述，希望能给工程建设者带来一些借鉴。

第三章 深基坑设计研究

第一节 岩土地质深基坑设计分析

当前我国岩土工程逐渐进步,建筑的荷载亦逐步提高,对于基坑的负载需求有了显著提升。在岩土地质深基坑的施工中,需全方位勘察施工的场地,凭借勘察到的对深基坑的支护结构合理设计,确保深基坑施工可有序安全地开展,并确保工程整体的质量。

深基坑的支护施工于岩土工程当中属于保证深基坑施工重要的环节,深基坑的支护能确保施工过程中的安全,预防基坑出现塌陷的情况,所谓支护是主要针对基坑的侧壁加以保护与加固,以此来确保基坑稳定。现阶段城市的发展前景即开展地下施工,如此可使土地得到进一步使用。随着地下建筑的增多,对其质量标准也逐步提高,施工的深度亦逐渐加深,这就对相关技术有了更高的要求,所以,深基坑是在社会上引起了相关人员的高度重视。

一、岩土深基坑支护设计的关键点

(一)强度方面

对于岩土深基坑支护的施工,其强度属于至关主要环节,所以,在深基坑的支护设计中应保证其设计的强度与国家的有关标准相符。相关的设计与施工者对岩土深基坑的支护实施设计以前,应全方位检测深基坑的支护位置其水文、地质状况,经变形量与结构强度的核算,进一步确保沿途深基坑的支护强度。

(二)挖土设计方面

在对岩土深基坑支护进行设计时,应对挖土相关的设计加以重视。对于岩土工程来讲,其深基坑的开挖深度标准较高,在土方的挖方量方面较多,如此便需要提升岩土深基坑的支护的设计与技术来满足当前的发展需求。若想将岩土深基坑的支护施工处理好,需在其挖土设计方面做进一步优化。

（三）支护结构的变形方面

岩土深基坑的支护作业，极易遭受人为与外界等方面的影响，造成支护的结构出现改变，此改变能够在一定程度上对岩土深基坑支护在安全方面的性能造成影响。因此，在开展岩土深基坑支护设计的时候，务必对各方面的因素加以分析，及时防止因可控因素而造成影响。此外，因为在岩土深基坑的支护过程中会发生变形的情况，因此于施工之前需对其做进一步考虑并加以分析，将相关计算处理好。

三、深基坑支护的设计形式

（一）锚杆支护

锚杆支护是深基坑支护中的一个支护技术，锚杆支护是采取主动形式对深基坑内岩土进行加固。于深基坑的施工当中，选择锚杆器材并把其镶至岩土内，再与支护设备另外一端相连接，另外再给予相应预应力，确保深基坑支护的效用。锚杆支护具备独特的优点，其对于环境的适应较强，深基坑的深度对其不会造成影响。所以此技术得到了较为广泛的使用。然而应当注意的是，锚杆支护不适合在含有机质较多土质里使用。

（二）排桩支护

在深基坑的施工中运用较多的另一个支护技术是排桩支护，其支护的器材有防渗帷幕与支护桩。为在挡土方面达到更好的效果，可选择钢筋砼灌注桩，且把灌注桩于深基坑边上合理的安装，使其成为排列的支护桩。排桩支护于施工当中无噪音且操作较为简便，给四周环境造成较小程度影响，所以具备的刚度比较强。此技术于深基坑支护当中使用的也较多。在进行排桩支护的时候，按照场地切实地情况选择搅拌、喷桩及高压灌浆等，能够对深基坑在稳定方面的性能有利，且能够达到优良的支护作用。

（三）地下连续墙

地下连续墙支护一般是于超出 10m 的基坑内使用，地下连续墙支护能够对地下管线在铺设时出现的沉降与边坡土体出现的移位等情况起到有效抑制作用。所以，若是工程项目对于沉降、位移的管控标准比较高或是周边建筑物比较多的时候，最好是选择此支护结构。

（四）土钉墙支护

土钉墙的支护是将土钉砸至基坑的边坡土体内，经原位的土体与土钉相互结合来加固土体。土钉采用细氏的杆件，砸至原位的土体内，相邻土体内土钉间需有相应的间距，确保土钉紧密，从而使土体结构在稳定方面的性能加以增强。

四、深基坑支护在设计方面的问题及优化对策

（一）深基坑支护在设计方面的问题

1. 开挖方面

在基坑开挖过程中，支护结构大部分是在基坑比较长的边出现位移的情况，中间部位出现的最多，短边的部位出现的较少。基坑深度与平面的形态对于基坑支护出现的形变情况与其稳定的性能影响比较大。当前在深基坑支护的设计方面还未对深基坑开挖方面的问题进行进一步的分析与思考，仅根据平面应变的设想对深基坑的支护结构进行设计。

2. 力学方面的参数

在开挖深基坑时，在地质上会不断的出现变化，从而使摩擦角、含水率及粘聚力等物理力学方面的参数出现变化，此状况提高了土压力在计算方面的困难。另外，基坑施工的工艺、支护结构的形式能够跟着力学方面参数的改变而发生一定的变化。所以，采取的力学参数属于不确定的因素之一，相关的设计者应当按照切实的状况来进行合理的选取。如果相关的设计者无充足的经验及技术素质较低等，那么设计时无法在力学方面选取合适的参数，使设计无法满足施工的需求，从而对施工的整体质量造成影响。

3. 土体取样方面

相关的设计工作者应当对地基土层的土体取样且经过一系列分析之后，来保证取得科学合理的力学参数，给深基坑支护的设计以准确的数据信息做参照。按照国家相关的取样要求，需尽量较多的钻孔来降低勘探的工作量与工程成本。但是，因为地质结构自身具有一定的复杂性，取得的试验土样有着一定的随机性，使实际要求不能得到满足，从而造成支护的设计和实际的情况不相符。

（二）优化深基坑支护设计的对策

1. 改变设计理念

现阶段，我国在深基坑的设计方面还未有相应的规则与要求，通常是采取库伦

与朗肯的理论对深基坑的结构进行设计。在支护桩的计算当中，通常选择"等值梁法"，然而采取此方式计算可能造成计算结果准确度较低、增加施工的成本等的情况出现。所以，相关的工作者应当健全深基坑设计的规则与改变设计观念等，按照工程自身特征与标准对深基坑相关施工开展科学合理的设计，并于施工中按照工程的施工特征，选择科学合理的对策来确保深基坑施工的质量。

2. 优化支护结构的合理

深基坑支护自身结构的合理程度与工程整体质量有着直接的联系。所以，相关的设计工作者进行岩土深基坑的设计时，应当将实际情况与相关理论相互结合，确保其设计科学合理，完成设计之，应当运用辩证方法来对岩土深基坑的支护与四周环境间所存在的关联加以论证，由源头上进一步优化支护结构确保其科学合理。

（三）强化深基坑支护变形的观测力度

深基坑整体的质量在一定程度上受到深基坑支护的变形情况影响，深基坑支护的变形主要是观测深基坑四周建筑物、边坡以及地下管道变形的状况。对于深基坑支护变形的观测是主要获取部分基坑支护的数据信息，并对此数据加以分析研究，如此便可对深基坑支护现实使用的状况进行有效的估量，从而合理解决基坑支护出现的变形问题，进而保证深基坑施工的最终质量。于此施工当中，工程作业人员应当严格按照相应的标准要求进行，提升自身技术素养，应用科学合理的工艺与技术来准确估量与观测深基坑支护的变形情况。

深基坑属于较为复杂且风险比较大的施工，所以为确保深基坑施工的整体质量，应当对深基坑支护设计与施工的情况加强注重力度，工程设计工作者需要按照工程实际的特征与环境来科学合理地设计深基坑支护的结构，并且相关的管理者需在施工中加以合理的管控与管理，透彻至深基坑支护各施工环节当中，确保各环节的施工科学合理，进而确保工程整体的质量。

第二节　软土地基中深基坑设计

工程项目施工建设过程中难免会遇到软土地基，对深基坑进行优化设计以及有效处理过程中，应当综合考虑工程项目所在地区的环境和工况条件。本节先对软土地基中的深基坑设计以及处理问题进行概述，并在此基础上以某工程项目为例，就如何进行设计和有效处理，谈一下个人的观点与认识，以供参考。

随着建筑行业的快速发展，为数不少的工程项目需建在软土地基上，然而软土地基自身的承载能力非常有限,必须采取有效的方法和措施对其进行有效处理。对于深基坑工程项目而言,其施工难度相对比较大,而且受制因素较多,在对其进行改善之前应当进行工况调查研究和优化设计,以确保施工方案切实可行。

一、深基坑优化设计与常用的处理方案分析

就现阶段国内常用的深基坑处理措施来看,常见的支护方式主要有以下两种:

第一,支挡型支护处理方式。一是,地下连续墙施工模式。该种深基坑处理方式适合于深度不同的基坑工程项目开挖,其经济性以及技术性较之于其他技术方法非常的显著,对周围的建筑物以及构筑物等不会产生较大的影响,可适用于多种地质条件。对于地下连续墙而言,其作为一种有效的支护结构,无论是抗弯刚度还是防水性能等,应用效果都非常的显著。二是,桩排支挡施工模式。软土地基深基坑处理过程中采用连续桩排技术方法时,因软土基坑施工时无法形成良好的土拱边坡,而且基坑支护时以密集桩排较为合适,在临桩之间利用素混凝土搭连钻孔桩,有利于形成与挡土墙功能一致的连续墙。就双排桩而言,拟建工程地质相对较软时采用单排桩施工方法及其侧向刚度难以有效适用基坑变形情况,建议采用盖梁双排桩对基坑进行支护处理。

第二,加固型支护处理方式。一是,网状树根桩施工技术。软土地基深基坑处理过程中,将树根桩以及基坑边坡土体联合起来,形成复合桩体结构形式,有利于增强整体结构稳定性,而且可以有效抵抗土基坑侧向压力。二是,水泥搅拌施工技术。该种施工技术手段在深基坑处理过程中可以起到很好的加固支护效果,而且施工流程非常的简便,采用一定强度的搅拌桩搭接起来即可成稳固的支护体系,对坡边土体进行加固处理。三是,高压旋喷桩施工技术。较之于上述集中施工方法,采用高压旋喷桩对深基坑进行加固处理时,主要考虑其强度,尤其是水泥含量较高,适合于地基过软的建筑工程项目深基坑处理。

二、软土地基深基坑设计以及处理技术应用实践

以某基坑工程为例,拟建工程所在地区的岩石埋深相对较浅,而且软土较为局限。本地区的软土含水率达到了40%,其中粉土以及粉细砂的塑性较差,具有明显的触变性。对于本地区的软土基坑工程项目而言,该层通常是造成基坑失稳以及严重危及环境安全的主要致害因素,同时也是深基坑设计以及处理的重点。

（一）设计与处理

对于本工程项目而言，在勘察之前应当首先进行实地踏勘，对本地区的软土分布状况进行综合把控，针对性的设置土工试验以及原位测试方案，其中软土分布特点、厚度以及物理力学指标等时重点。土方开挖操作过程中，需对施工工序进行严格控制，分层、分段进行开挖和支护，避免出现超挖现象，更不能在无支护条件进行开挖作业。如果软土中的含砂量较高或者地下水较为丰沛，则基坑中需利用潜水泵等进行预先降水处理。

该深基坑处理过程中，主要采用以下集中支护方式进行处理。第一，深层搅拌桩重力式挡墙。基于机械搅拌技术工艺的应用，将适量的砂土以及水泥等与软土强制性拌和在一起，形成坚固的桩体结构；同时，根据工况特点在桩内可以插入 H 型钢或者钢管等，使其成为牢固的加筋水泥土桩，这有利于桩体抗变形能的增强。第二，排桩、锚杆支护方式联合使用。由于该工程项目所在地区的软土分布区域局限性非常的大，而且相对较薄，加之基岩面埋深较浅，采用排桩＋锚杆的处理方式非常可行。由于锚杆蠕变效应会损失锚杆预应力，因此实践中应当适当加大锚杆角度，确保锚固段能够进入可提供锚固的岩层。对于软土较薄以及基坑开挖施工深度相对较大的地段，可以采用该种技术方法进行有效处理。第三，放坡与喷面防护联合使用。对于基坑开挖操作深度不大的地段，可利用放坡＋喷面防护的方式进行处理，其中放坡比例按照 1∶1.5 至 1∶1.2，而且坡脚位置应当反压砂袋，堆放高度为基坑开挖深度的三分之一。1/3，同时，坡体中应当插入杉木杆，也可以插入脚手架等，目的在于增强坡体结构的稳固的性以及整体性。第四，内支撑与钢板桩联合使用。钢板桩具有挡水以及挡土双重作用和功能，而且机械化操作性能较强，具有施工方便以及工期短等优势，同时桩可重复使用。然而，受内支撑限制以及软土蠕变等因素的影响，通常钢板桩的变形量较大，基坑开挖作业深度不超过 8 米。

（二）地下水处理

本工程所在地区的淤泥以及淤泥质土中富水性较低，而且渗透系数非常的小，基坑降水时易产生水头差，不利于支护。根据勘察结果预估本地区基坑降水量，如果软土渗透系数超过 0.1m/d，则应专门采取止水措施与支护措施，比如利用深层搅拌桩重力式挡墙以及旋喷桩止水帷幕等。深基坑设计之前应当对现场工况以及土层物理力学特征等进行综合分析，结合基坑的深度等因素选取合适的止水方案。在基坑开挖之前，应当先对基坑内进行预降水处理，本工程采用集水明排以及预设降水井方式均可，在地下水处理过程中应当将降水、止水两种措施结合起来使用。

总而言之,科学合理的设计是保证软土地基中的深基坑处理工程顺利进行的基础,在拟建工程项目深基坑处理方案设计过程中,设计人员应当亲自到达实地进行勘探,对施工现场的情况进行全面把握,尤其是拟建工程所在地区的地形地貌以及周边环境和水文条件等。通过该种方式设计的施工图更具科学合理性,而且对后续的施工作业具有显著的指导作用。

第三节　深基坑设计与地质条件

深基坑的支护是建筑基础的一项重要的内容,无论是在建筑、水利或者是采矿和发电的工程项目中,在设计上都是必须要严格把握的。深基坑的支护问题在技术上要求高,并且施工技术操作复杂,同时涉及了诸多的内容,因此在支护的工作中不单单需要要求工程操作技术过硬,同时还要求工作设计人员要对深基坑的场地以及工程位置的水文地质和地理环境充分的了解后,综合考虑实际情况,制定出一个合理科学以及可行正确的支护方案,这项工作在深基坑的支护施工的全过程以及建筑的基础建设上的意义深远。

一、设计要点

深基坑的建设在现代的建筑中期设计是建筑基础施工的主要保障和技术依据,并且由于深基坑的支护在设计上本身就具有难度大,专业性强的特点,这就需要建筑工程的技术人员具有专业的技术素质,这样才能对工程的设计以及操作的科学性以及可操作性进行有效的保障。在设计要点上深基坑支护的设计要求主要有以下几点:

（一）在挖土作业的设计

深基坑主要的环节就是挖土施工作业,因此在对挖土施工进行组织和设计时需要进行综合性的考量。首先在对于深基坑的支护工作的施工需要做的就是在地下十几米至几十米的地方进行挖土操作,这种施工必然会存在危险性,因此对于施工的技术要求比较的严格,若是在施工时没有一个合理有效以及科学的组织安排计划和设计,是不能够对工程的顺利完成有所作用和保证的。因此,在对于深基坑的挖土施工的设计中,需要对施工主体、项目、责任人和监理进行有效明确的确定以及工作的内容和责任的认定等。

（二）计算结构变形

在深基坑的支护施工中由于受到外界因素的影响，对于支护会有应力产生因而会出现结构上的变形，这就要求设计人员在对于施工的设计时对此类原因进行考虑，从而对可能出现的变形量进行正确的计算，这种计算要对项目的数据和结果的真实以及准确度予以保证，才能有效的应对突发事件，对方案进行有效快速的反应以及整改。

（三）强度设计

坚固的支护设施使得深基坑的结构能够满足施工设计的需要，因此也是在基础施工中需要得到关注的设计问题。同时，这也是工程建筑的项目施工的重要部分，支护强度能否达到国家的工程标注，能否达到相关的工程技术质量的要求，是直接影响到了整体工程项目的质量以及耐腐蚀性和使用年限这些问题的关键。支护的强度同样需要进行多方面因素的考虑，设计人员需要对工程的现场情况进行全面的掌握，地质条件、水文条件都是会影响到支护强度的因素，并且需要结合实际的工程需要对建筑的材料进行把握，只有如此才能对支护的结构进行保证，使得其强度可以达到施工要求。

二、深基坑的支护设计在不同地质条件下的区别

深基坑的支护往往需要考虑很多因素，不同环境不同的条件下的开展的工作也不同，进行的方式也不同，所以设计人员要充分的考虑到各地的实际情况，根据地质特点进行支护的设计重点把握，从而保证设计系统方案的科学性与完善性，以便使得设计更好的应用在深基坑的施工中，深基坑的支护更好的服务施工建设。这个重点主要可以总结为下述几点：

（一）淤泥质黏土地质环境

淤泥质的黏土地质主要是在大中型的江河湖泊的周边较为常见，这种地质的形成是由于河流的冲刷所带来的淤泥堆积而形成的。淤泥质的土壤喊数量较高大约在 40%-50% 之间，而空隙则在 1.2-1.6，较之普通土层的压缩性要高一些，但是相对的抗剪力较低。因此在此类土质环境下的深基坑支护的设计就需要施工人员对操作流程的注意以及对挖掘机应用的保证，这在设计中是需要有针对性的制定出相应的解决方法和措施的。淤泥质的土质在开挖深度上要小雨六米，当然根据工程的需求这个深度要控制在 6-10m 之间，如果超出了这个范围，在施工上就会难以保证施工

安全。

（二）软土地质环境

软土分布地区一般在降水量达的区域因此含水量也较高,土质较软,在深基坑的支护设计中需要对其性质偏差予以考虑,需要对基坑的硬度以及强度加强工作进行主要的把握,必要时应当对较软的土质进行加固,以确保整体施工的稳定和安全。

（三）填土的深基坑支护设计

目前,填土的深基坑支护设计是国内较为常见的地质条件之一,具有较强代表性与典型性。填土层的地下水主要有三层,即上层滞水、潜水和承压水。还要充分考虑到由于地下水的流动与冲刷对支护系统的腐蚀,要采取有效的措施排除深基坑中的存水量,确保深基坑施工中施工人员的安全,以及机械设备的稳定。

三、不同地质条件深基坑支护设计技术的科学发展

现代社会是一个科学技术高速发展的新时代,一切事物的发展都着重强调科学发展的全新理念。在未来的社会中,敢于创新、勇于探索的科学发展理念将是一切事物发展与进步的强大动力与源泉。近年来,我国不同地质条件深基坑支护设计技术已经在相关技术人员,以及建筑行业专家、学者的共同努力下取得了很大幅度的提升,并已初步形成了一套较为完善的设计技术理论与实践经验,但随着时代的发展,以及科学技术的不断进步,国内现行的深基坑支护设计技术已逐渐难以适应现代建筑工程的实际需要,因此,不同地质条件深基坑支护设计技术的发展也一定要坚持科学发展的理念。

随着建筑行业的不断发展,深基坑作业环境也在不断的发生变化,越来越多的施工项目需要在地质条件极为复杂的地区进行。传统的设计理念与技术已经难以适应现代不同地质条件的深基坑设计工作的实际需求了,必须适时进行革新与完善。不同地质条件的深基坑支护的设计要坚持与时俱进、创新发展的科学理念来进行实践与工作。同时,深基坑支护设计人员只有在日常工作中注重自身知识的积累,并不断吸取国内外先进的设计理论与知识,才能逐步具备更高的技术水平与能力,更好的满足于建筑工程深基坑支护设计工作的实际需要。不同地质条件的深基坑支护设计技术是现代建筑行业设计技术的有机组成部分之一,深基坑支护设计技术在得到科学发展的同时,也就必然的在客观方面推动了建筑工程行业整体设计与施工技术的发展与进步,由此可见其所有的意义是十分深远和重大的。

第四节　紧邻既有线深基坑支护设计

随着地下工程的大量建设,紧邻既有轨道线深基坑施工已经成为新建地下工程研究的重点。文章结合工程实际,通过合理的基坑支护设计和施工部署,综合考虑工期和安全保护要求,充分利用各种有利条件和科技手段,确保了施工期间既有轨道线的结构安全,对相关类似工程具有十分重要的借鉴意义。

随着经济的发展,大量高速铁路、地铁项目的开工建设,不可避免的出现紧邻或者穿过既有轨道线路施工的情况,且既有轨道线路一般处于运营状态。而新建工程施工引起的土体沉降可能危及周边既有轨道线的安全和运行,甚至可能造成严重的经济损失和社会影响。如何保证施工期间周边既有轨道线路的安全和正常运行,已成为地下工程工作者必须解决的问题。

一、工程概况

北京某新建地下工程位于两条轨道线路之间,与周边既有轨道结构净距约1.5m,开挖深度约-19m,地面标高约-1.2m,地质条件主要为砂性粉土、黏性粉土、粉质黏土、细砂、砂质粉土等土层。

二、计算方法的选择

目前,国内外对紧邻既有线施工研究分析方法主要有模型试验法、经验预测法和数值模拟分析法等。其中,数值模拟分析法是地下工程支护设计计算的常用方法,本工程采用FLAC3D3.0有限差分软件进行支护设计的模拟分析。

三、支护方案的确定

新建地下工程对既有轨道线路的影响主要取决于新建地下工程土方开挖施工时对土体产生的扰动和变形的大小,因此,支护设计的重点在于消除或减少土体扰动和变形。同时,结合工程周边两条轨道线的实际建设情况:两条轨道线完成结构施工,正在进行铺轨或评估结算,尚未正式运营通车,这是本工程支护设计的一个有利条件。

(一)变形控制值的确定

变形控制值是保护周边轨道线结构安全的基础,进行支护设计,首先应确定周边轨道线的变形控制值。结合工程地质勘察报告,同时考虑周边两条轨道线路尚未正式运营通车的有利条件，充分利用周边两条轨道线铺轨前的这段时间，确定两条轨道线路变形控制值为 10mm。

（二）支护方案的确定

确定变形控制值后，支护设计方案围绕如何满足变形控制值要求展开。

本工程基坑支护设计应满足两方面的要求：一是周边两条地下轨道线的结构安全要求，二是基坑开挖自身的安全要求。其中，周边轨道线结构安全的要求是本次支护设计考虑的重点。同时，因本工程需充分利用两条轨道线铺轨前的这段时间进行施工，支护设计还应满足工期的要求。

根据支护设计安全要求的不同，基坑支护可分为两种类型：一是为保护既有轨道线而设置的围护结构，主要利用既有轨道线围护结构，并采用桩锚、双排桩和土体加固组合形式对既有结构（包括支护结构）进行保护；二是本工程自身基坑支护，主要采用桩锚支护、悬臂桩支护和放坡简易支护三种形式。支护设计的重点是第一种类型。

左侧轨道线一支护设计：理由既有轨道线桩锚支护。

右侧轨道线二支护设计：利用既有轨道线围护桩，并对右侧两条轨道线间进行土体加固宽度，深度 20.0m，平面格栅式布置；并在上方加设 300mm 配筋垫层厚度。

（三）支护施工方法的确定

左侧轨道线施工采用的为桩锚支护，明挖法施工；右侧轨道线施工采用的内撑法，明挖法施工。综合考虑基坑支护设计和工期要求及两条轨道线项目进度，本工程采用明挖法施工。

四、基坑施工要求

（一）基坑开挖要求

本工程基坑开挖施工应按"先撑后挖，先深后浅，分层开挖"的顺序进行，土方开挖过程中，插入支护锚杆、桩间混凝土喷层、护坡、工程桩等工序的施工；并严格按照基坑支护设计要求分步开挖：

第一步：开挖基坑至两侧轨道线回填标高位置，并截断原有围护桩，在此标高上打设工程桩；

第二步：采用三轴搅拌桩/高压旋喷桩加固地层，做桩顶冠梁、拉梁及配筋垫层；

第三步：基坑开挖至设计标高。

（二）施工重点和难点分析

1. 如何保证周边结构安全的同时保证本工程施工进度。

本工程施工最大的重点和难点在于既要加快施工进度，又要保证两侧既有轨道线的安全；施工速度慢，两侧轨道线如进入试运行阶段，现有支护设计将要重新设计，并大幅度增加工程造价；而过于加快工程进度，将对两条既有轨道线造成不利影响；进度和对既有线的保护要同时满足。通过优选支护设计方案，并优化施工工艺，满足工期和安全的要求。

2. 周边轨道线保护要求高

本工程最大的安全风险在于周边轨道线的安全保护。首先，明确两条轨道线路保护标准。然后，以该标准为依据，充分考虑周边有利条件，并最大可能的利用原有维护结构，将对周边工程的影响降到最低；同时，加强施工技术交底和监测，做到信息化施工。

3. 工期紧张，工序繁杂，场地环境复杂

因工期紧张，土方开挖、支护桩及土体加固、降水、基础桩施工穿插进行，工序繁杂，合理的前期策划和施工部署是保证工程顺利开展的基础。

同时，周边两条轨道线施工尚未全部完成，不同工程间交叉施工多，而三个工程又分属不同的单位，场地环境复杂、协调工作多、难度大。建立顺畅的联动和沟通机制，是工程顺利进行的重要保证。

五、施工监测

本工程工期紧，施工难度大，工序复杂，安全保护要求高，对施工监测提出了更高的要求。监测分为基坑监测和周边既有轨道线结构监测两部分，其中周边既有轨道线结构监测是工作的重点。

（一）基坑监测

基坑支护结构及周围环境全面监测内容包括：支护结构顶部水平和沉降位移监测、地面沉降监测点、支护结构深部水平位移、锚索拉力监测点、地下水位观测点等。

（二）周边轨道结构监测

周边既有轨道线结构监测主要内容包括：结构竖向位移、结构水平位移、相对收敛、裂缝等。

（三）监测的要求

周边轨道线结构监测应从测定监测项目初始值开始（初始值应在外部作业实施前测定，应至少取连续测量三次的稳定值的平均数作为初始值），至外部作业完成且监测数据区域稳定后结束，且初始值应经过各相关方确认。

基坑施工前应对周边建筑物的现状做好调查及取证工作，以免产生纠纷；周边建筑物的报警值应结合建筑物的裂缝观测确定，并应考虑建筑物原有变形与基坑开挖造成的附加变形的叠加。

监测数据必须做到及时、准确和完整，并及时通报各单位；

采用信息化动态施工，即以现场量测为手段，以量测数据为依据，指导后续的施工。

本工程通过合理的支护设计组合和现场统筹协调以及信息化动态施工管理手段，确保了工程施工期间周边轨道线的结构安全。

本工程基坑支护设计方案复杂，施工难度大，工序交叉多，对设计和施工人员都是一个巨大的挑战，工程取得的相关成果，对后续紧邻既有线施工具有一定的借鉴意义。

第五节　丘陵地带深基坑支护方案设计

以残积土、强风化灰岩组成的基坑为研究对象，借助于理正软件计算土抗力弹性系数，经多个剖面反复计算，选择桩锚、排桩、土钉墙、放坡开挖等多种方式综合的基坑支护方案，并提出支护简要的施工要求。

随着基础设施的大规模建设和城镇化进程的不断推进，出现了大量的深基坑。在建筑密集地区，基坑围护结构除了要保证基坑安全外，还要能有效地控制基坑变形以保证周边建筑和环境的安全。采用适宜的方法，准确地计算基坑围护结构的内力和变形是保证基坑安全和控制基坑变形的基础，也是基坑设计的重要内容之一。蔡露等结合其他学者的常规强度试验结果，分析土体破坏的微观机理，通过分析总结和理论推导得到可以考虑土体特性的各向异性不排水抗剪强度理论公式，最后结合工程实例，验证了公式的适用性。应宏伟等对不同宽度的深基坑进行数值模拟，得到坑底潜在隆起滑裂面的分布规律，并提出了考虑基坑宽度影响的基坑坑底抗隆起稳定分析模式，基于有限土体的被动土压力研究，修正了狭窄基坑被动侧的被动土压力系数。本节以昆明某深基坑为例，通过对该基坑工程地质环境进行研究，提出该基坑的最优支护设计方案，对相似地质条件区域的基坑工程提供参考。

一、工程概况

项目建筑场地位于昆明市东二环和东三环之间，拟建建筑物结构形式为框剪结构。地下室基坑宽约 131 ~ 140m，长约 137m，周长约 532m，基坑面积约 17 504m2，预计开挖深度为 9.0 ~ 14.0m，开挖深度大。基坑北侧为 13 层住宅建筑，建筑物下无地下室，距离基坑边缘约 21m；南侧基坑开挖线距地铁 3 号线太平路站 15 ~ 20m；西侧为多、低层民房，距基坑开挖线 10 ~ 20m；东侧基坑开挖线距寺瓦路 10 ~ 20m。总体上来说，基坑周围环境条件复杂，又是深基坑，对基坑支护要求较高，影响较大。

二、地质及水文条件

本场地位于昆明断陷湖积盆地北东部边缘的丘陵地带，地貌上属风化剥蚀残丘地貌，场地总体现状地形北高南低，地形起伏较大。场地地基土总体为 3 段，表层不等厚的杂填土，中上部坡残积含碎石粉质粘土，下部基岩为泥盆系宰格组灰岩。基坑开挖深度范围内不利于基坑侧壁稳定性的地层为杂填土层和可塑状态粉质粘土。钻孔揭露的 40m 深度范围内除第一层的杂填土中局部存在上层滞水外，无岩溶裂隙水。地下水量不大，对基坑开挖有利。

三、基坑支护思路

（一）支护方案

本基坑支护周长约 532m，根据基坑开挖深度、场地地质及周边环境条件，划分 10 段进行支护，采用 K 法、M 法计算土抗力弹性系数，利用理正软件反复计算确定基坑支护结构为：基坑北侧及东北侧桩锚支护，西北侧、东南侧排桩支护，其余段分级放坡＋土钉墙支护。具体支护型式有：①基坑北侧及东北侧，下段采用旋挖灌注桩 +3 ~ 4 排预应力锚索，桩长为 15 ~ 18m，桩径▮1 000，桩间距 1.4 ~ 1.5m，桩顶设冠梁联系。上段喷锚支护采用▮48mm、δ3.5mm 钢花管土钉墙；②基坑西北侧和东南侧：下段排桩为旋挖灌注桩，桩长 10.0 ~ 11.0m，桩径▮1 000，桩间距为 1.4m，各桩桩顶设置冠梁联系，上段采用放坡支护，高宽比取 1∶1，放坡台宽为1.3 ~ 2.0m；③其余段：分级放坡支护，上段宽高比 1∶0.8 ~ 1∶1.2，中段、下段都为1∶1 ~ 1∶1.2，分级台宽 2 ~ 3m。

（二）支护施工要求

放坡喷锚段：坡体击入▮48mm、δ3.5mm 钢花管，梅花形布置，花管注浆采用水泥浆，水灰比为 0.5，注浆压力为 0.5MPa。坡面作挂网喷砼防护，喷射砼（细石混凝土)强度等级为 C20,厚度为 100mm。

分级放坡段:坡面挂钢筋网喷射砼(细石混凝土)面层护坡,砼强度等级为 C20,厚度为 100mm,分两次喷射,初喷 30~40mm,安设钢筋网后终喷到位,要求喷层混凝土初凝小于 10min,终凝小于 30min。剖面设置 16mm 钢筋插筋,长度 1.0m,间距为 1.0m。

旋挖灌注桩:桩身混凝土 C30,钢筋保护层厚度为 50mm,钢筋搭接长度为主筋直径的 5 倍,采用双面焊。施工应间隔施工,混凝土浇注完毕 72h 施工相邻的桩。桩顶泛浆高度不应小于 500mm。桩顶用 1 200mm×800mm 冠梁连接。并且桩身砼浇筑时应连续进行,充盈系数不小于 1.2。

锚索应采用套管跟进成孔工艺施工,成孔直径为 150mm,孔深应大于设计深度 0.5m。锚索索体为 1 860 级 15.2 钢绞线,注浆为 P.S32.5 水泥纯水泥浆,水灰比为 0.5,要求采用二次压力注浆工艺施工,第一次注浆压力为 0.50~1.0MPa,第二次注浆应在一次注浆结束 6~12h 后进行,注浆压力 2.0~3.0MPa。

（三）基坑开挖

基坑土方开挖宜设计环岛开挖,先沿周边进行,开挖宽度宜为 10.0m,边开挖、边支护。基坑土方开挖应由上至下分层分段开挖,分层开挖深度不能大于 1.5m,分段开挖距离不超过 20m。土方开挖应采取措施防止碰撞支护结构、工程桩或扰动基底原状土,基底开挖至标高后应及时进行基底检查、基坑封底和基础施工。

现有的深基坑理论和施工相对完善,但在具体基坑设计时除参考基坑支护规程外,尚应根据基坑的工程地质条件、周边的环境灵活选用基坑支护方式,将多种支护结合才能得到更有效、更经济的综合支护方案。

第 四 章　深基坑施工技术探讨

第一节　建筑深基坑施工技术分析

近年来，随着经济、社会的快速发展，建筑工程的建设规模越来越大，各地超过10层以上的建筑已经随处可见。这些高层或超高层建筑的基坑深度已经逐渐由以往 6～8m 的标准发展到更大更深，深基坑施工技术也随之兴起。深基坑工程经常位于既有建筑物附近，虽然属于临时性建筑，但施工技术比较复杂，若不能掌握建筑深基坑施工技术要点，不仅会对基坑自身安全产生威胁，还会影响周边既有建筑，造成非常严重的后果。论文分析了建筑深基坑施工中涉及的支护结构、内支撑结构、锚杆施工、基坑降水施工、土方开挖施工、基坑监测几方面内容，并在分析过程中提出相应建议。

建筑深基坑施工过程复杂、涉及因素较多，但随着建筑工程施工技术水平的不断提高，深基坑施工技术也在不断改进，其应用日渐广泛。深基坑工程属支挡措施，能够有效保护基坑开挖及后续施工，确保建筑地下主体结构安全，降低基坑对周边环境造成破坏。掌握科学的建筑深基坑施工技术能够有效提升建筑工程整体施工质量。

建筑深基坑工程的施工过程中包含多个内容，如支护结构施工、隔渗设施施工、降排水系统施工、土方开挖施工，但总体来说，深基坑工程不同区域的施工工艺与正常工艺措施基本相同，唯一的区别就是这些项目应用到深基坑工程当中，需要结合现场实际情况合理选择施工技术或工艺。

一、支护结构施工技术分析

选择深基坑支护工程需要确保基坑边坡稳定，并满足变形量的控制标准，最终目标是确保周围建构筑物的安全性。若施工区域的水文、地质条件较好，周边环境要求标准相对较低时，可以使用柔性支护，以降低成本、缩短工期。但是，若深基坑临近市政道路，就会因地下管网的复杂性导致无法使用锚杆施工；若周边环境要求标准相对较高，可以使用钢性支护，以减少水平位移，但这种施工方式的造价高、工期长。

对于排桩来说，施工组织便利、工期较短，能够结合工程桩同步施工，对于地下连续墙来说，刚度大、止水性好，更能适应地质条件差的复杂地域，对于周边环境要求较高的基坑更为适用。对于支撑的形式，当地质条件较差时，锚杆不宜对土体再进行扰动，只能采用内支撑的形式；当地质条件特别差，有多层地下室时，可采用地下连续墙加逆作法的支护方案。这种方案一般将地下连续墙兼做地下室外墙使用，地下室结构体系代替支撑体系，受力更为合理且可缩短总工期，具有明显的经济效益。

二、内支撑结构施工技术分析

支撑系统包括围护和支撑2部分，若支撑较长还包括支撑立柱及立柱桩。较为常用的支撑系统材料有钢筋混凝土。在现场正式施工前，要充分掌握支撑系统图纸及设计情况，了解基坑开挖及支撑设置的主要方式。支撑结构的安装、拆除要与围护结构工况保持一致，现场施工过程中要严格控制开挖流程、时间，对每层开挖深度、支撑位置、围护结构进行深入检查。待现场全部支撑安装完成后，要注意保持内支撑系统运转正常，直到所有支撑全部拆除，相关的质量监督、检验必须严格依照标准规范开展工作。

三、锚杆施工技术分析

建筑深基坑的锚杆施工工艺包括：成孔、锚杆制作安装、灌浆、锚杆张拉、锚杆锁定几个步骤。正式施工前要合理选择锚杆施工所需的各类机械设备，确定科学的施工工艺方法、参数等，对于各类重要环节要先进行成锚工艺、锚杆极限拉拔试验，然后结合最终的试验结果调整深基坑施工设计，若遇到软弱的黏性土、淤泥质土层，需要先进行成锚工艺、锚杆蠕变试验。在锚杆成孔时要注意预防锚孔出现涌水、涌砂，成孔深度要超出设计深度，锚杆制作必须依照设计要求进行下料，需要搭接的，必须采用双面搭接焊或者机械连接的方式进行处理。现场灌浆施工时，需要选择强度不低于20MPa的纯水泥浆或水泥砂浆，二次压灌浆要在一次灌浆体强度达到5MPa时才能进行。锚杆张拉要在锚固体强度大于15MPa并超过设计强度70%后才能开展，现场实际的张拉顺序要充分考虑锚杆之间的影响问题，以保证达到设计规定的预应力。

四、基坑降水施工技术分析

深基坑降水方案有多种方式，其中轻型井点降水、明沟加集水井降水在实践过程中使用较多。实际施工会对地下水位相对较高的区域产生不利影响。若地下水来源丰富,基坑施工前必须对周边水文、地质、气候、环境等条件进行综合调查,结合相应数据进行综合分析,制订合理的深基坑降水施工方案。在降低施工区域地下水位的过程中,要尽量避免使用连续抽水的方式,同时,在排水过程中要严格控制出水的含砂土量,避免地下水抽排造成地下砂土被掏空,引发基坑管涌流砂或地面沉降等问题。在进行基坑降水施工时,要布设相应的沉降位移观测点、水位监测点,随时掌握周边建构筑物变化情况及地下水位。在基坑开挖前,要在四周设置截水沟,以便顺利排除地表水,减少地表水流入基坑,或冲刷基坑边坡坡面,截水沟与坡顶间要进行硬化处理。

五、土方开挖施工技术分析

深基坑土方开挖施工期间,需要关注多个方面的问题,需要自上而下分层逐级开挖,避免雨季施工,遇下雨时应覆盖坡面避免雨水冲刷等。首先,在深基坑开挖前要了解施工区域底线管线的走向、分布,对存在的各类地下设施进行统计分析,特别是当深基坑工程紧挨市政道路时,其中的各类管线较多,必须提前了解各类管线的走向、标高,并根据现场实际情况制订科学的开挖方案,确保地下管线安全的同时保证土方开挖成效;其次,基坑土方开挖会出现大量土方运输工作,现场设计的出土坡道必须合理,严禁绕边坡顶设置车辆行走路线,出土坡道设置要保证边坡支护体系受力均匀,避免出现边坡失稳的问题;再者,现场进行土方开挖时要合理控制开挖量,若开挖量较大会对周边环境产生不利影响,若施工过程中遇到软土地基要避免深开挖,若开挖进程较快、高差大都会对基坑土体抗剪强度产生不利影响,严重者会破坏土体原平衡,甚至引发坍塌事故;最后,对于部分特殊区域的土方开挖可能需要动用爆破作业,在施工过程中要严格控制炸药用量,并根据标准设置减震缓冲沟。

六、基坑监测技术管控分析

建筑深基坑施工过程中,基坑监测工作是不可或缺的一项重要工作。现场实际施工过程中,需要对深基坑施工期间的形变、保护对象、周围环境进行细致监测与测量,通过获取的相关数据反映现场实际变化情况,为实现信息化管理提供条件。深基坑施工过程中的各类监测数据可以为深基坑施工安全性及环境适应性提供良好依据,并且通过相应的监测数据与各类预警值进行对比,了解深基坑水平、竖向、深层水平等多种类型的位移情况,及时根据现场状况进行管控,避免深基坑支护结构形变超出设计限值,对周边既有建筑物造成不利影响。

深基坑工程是建筑基础施工必须建设的临时结构,其施工技术水平与建筑工程的安全性、经济性、可靠性存在直接关联,合理地选择施工技术是保证建筑工程安全、进度、成本等目标顺利实现的重要条件。在深基坑施工过程中,由于受施工区域水文、地质等条件的影响,必须采取针对性措施,选择经济安全、工期短的方案来开展深基坑施工,为后续建筑工程施工打下良好的基础。

第二节　深基坑降排水施工技术探析

以某工程为例,从施工前的准备工作、施工工艺、工艺要求、施工技术要求等方面,深入阐述了轻型井点降水及深井井点降水的施工技术要点。实践证明,在工程深基坑降排水施工中做好方案选择与质量把控,能提高该技术的应用水平、提升工程建设质量。

近年来,深基坑工程降排水技术在基坑工程中越来越常见。在开展此项工作的过程中,降排水措施的选择较为重要。措施的好坏将从根本上影响整个施工项目最终的质量,是整个工程中的核心要素。因此,分析影响降排水工程质量的因素,总结工程经验,探索更科学有效的降排水施工措施,在现代基坑工程中有着重要的作用和意义。

一、工程概况及降水方案的选用

某工程施工现场地形相对较平坦,无较明显的地势变化。不过由于其地下水位略高,需及时对基坑内部实施降排水。

本基坑工程开挖深度相对较大,降承压水成为确保基坑顺利完成施工的重要一环。施工中应时刻关注施工地点的各类外界条件,确保最终的开挖深度符合相关标准要求。通过对场地地层条件和开挖深度进行分析后可知,主要的降水形式为:基坑西侧每隔20m设置一口管井,管井底标高通常限制在-12～-10m范围内。

二、轻型井点降水

(一)施工准备

在施工开始前应提前准备好1台高压水泵以便开展后续的冲孔工作。此外,还应配备直径5cm的水管,确保其能满足施工中的用水需求。

(二)施工工艺

井点处需要采取水冲法进行安装工作,为提升施工质量、确保降水工作顺利进行,须严格遵照相关标准要求开展施工。

（1）严格按照施工现场的实际情况确定最终的放线、布设井点等设计。

（2）沿放线处挖沟槽至地面以下 1.5m，能促进井点管的顺利布设，有效降低高压水冲场地。

（3）借助高压水泵对沟槽进行垂直冲孔，冲孔直径应大于或等于 300mm，施工中还应严格按照长度及具体土层条件来决定最终的施工方案。

（4）将井点管放入孔内后，填中粗砂至超出滤管 1m 左右的高度，其上用原土封孔捣实，使其不能与外界空气相互接触。

（5）当一套井点管全部用水冲法安装完成后，应及时采用弯连管连接井点管与总进水口，再用铁丝将两者固定。

（三）工艺要求

（1）定位：应严格根据前期制定的设计方案开展施工，确定出最准确的井点位置，误差应小于 5cm，就位时须对准所确定出的孔位。

（2）成孔：采用 50mm 射流泵冲孔，冲孔距离应始终保持在 30cm 以上，冲孔深比井点设计深 50~100cm。

（3）下管、填砾：成孔工作顺利完成后应及时插入井点管，插入深度应为距孔口 1m 内。然后借助黏土填塞密实，确保不会出现漏气现象。

（4）安装设备：首先安装并连通总管，然后安装集水箱及排水管等设备，最后开动抽水设备开展排气排水工作。

（四）施工技术要求

各级井点管的井点机应和井点总管置于同一标高，井点水用水泵抽至坑外排水沟或统一排入附近深井内，借助深井内大功率水泵将其排入水道中。各级井点都应事先进行预抽水，此项工作应持续 10d 左右，确保坑内水位下降到作业面标高以下后，才能开始后续的挖掘工作。

三、深井井点降水

（一）施工准备

本工程所使用的降水井孔径一般为 Φ600mm，井深长度应始终保持在 24~25m 范围内并确保深井井底标高始终维持在 -24~-23m 范围内。本节依托工程使用的井管为 Φ300mm PVC 管，借助缠丝填砾过滤器，使用粗砂或细石两种物质开展填砾工作。水泵通常使用 25m3 及 100m3 两种机型，施工时还应做好井内水位的观测记录工作,科学优化相关抽水设备。

（二）施工工艺

（1）进出场,定位,埋设护孔管:在开展此项工作时,一旦发现填土中局部掺杂混凝土等物质,应立即调整井位与工程桩的距离,移动距离和原井之间的相互距离应严格控制在 1~1.5m 内。

（2）钻进清孔:在钻进时,泥浆比重需严格控制在 1.1~1.2 范围内,含砂量通常不能超过 1.2% 并尽可能使用地层自然造浆。为确保孔壁稳定性,开孔时应在其中适当加入一定的人工泥浆以提升孔壁的稳定系数。钻进施工时,在确定大钩吊紧后,应维持相对缓慢的推进速度以降低钻具产生一次弯曲的概率。在钻进过程中,还应及时对地层各类情况进行分析总结。

（3）下井管:严格遵照前期设计将井管进行排列组合,井管入孔时,应对每节井管的两端都进行找平,连接时需确保不留间隙,以降低出现脱落的概率。为使井管和井壁间拉开一定距离,应及时在滤管上下部分别添加一组扶正器,以确保环状填砾间隙超过 200mm。此外,须确保过滤器表面的整洁性及过滤孔直径达到一定的要求,下管应准确到位。下管时要确保其自然落下,不可用强力将其压下。采取此类方式下管主要是为了最大程度保护过滤结构免受不必要的损害。

（4）填砾:将泥浆比重稀释到 1.05 后关小泵量,将砂砾徐徐填入,填砾时需使用加工砂。

（5）下泵试抽:在对泵体进行安装的过程中,应时刻注意安装的稳定性且应确保其与泵轴相垂直,深井下泵深度达到 16~17m 才可开展后续的试抽水工作。最终通过相关数据,测定出井内的准确水位。

（三）施工技术要求

（1）降水试运行。降水时应提前做好准备工作,工作人员应对各井口地面标高的测量引起重视。此外,还应及时安排抽水设备,确保抽水系统正常运转。抽出的水应及时排入场内临时集水系统,尽可能降低其出现回渗的概率,提升最终的降水效果。相关人员应第一时间将坑内的降雨积水清除干净,以降低大气降水对施工造成的不利影响。

（2）正式运行。需严格遵照基坑开挖方案,确定降水运行的实际顺序和准确的井位,确保基坑局部开挖工作开始前,此位置已能正常开展降水工作。此外,应根据由监测单位提供的开挖面及开挖面周边存在的各类资料,确保该位置的水位比开挖面低 0.5~1.0m。开挖进行中一旦出现异常，应及时增大泵量并多开井，达到快速降低水位的目的。根据实践经验，深井在地下室底板位置开展施工工作时，通常都能直接将其进行封口并及时将其埋设在基底位置。

本节所研究的工程充分运用了先进的降水工艺，较大程度提升了施工中对围护结构的安全保护，明显改善了施工条件，确保了施工工作的顺利开展，取得了良好的经济效益，可为同类工程项目提供参考。

第三节　地铁车站深基坑监测技术

随着城市建设的不断推进，地铁工程的实施给人们的生活带来很大便捷。地铁站的建设势必会对周边环境带来一定影响，所以需要通过基坑监测来研究基坑开挖过程中的变形规律，减少工程事故的发生。本节对地铁车站深基坑监测的目的及意义进行阐述，分析深基坑监测的主要项目并得出结论。

自20世纪80年代以来，我国的城市地铁建设发展非常迅速，对于一项工程来说，首先要保证工程自身的安全，其次要保证工程相邻环境的稳定。一般情况下，地铁站会设立在人群密集的繁华路段，所以在建设过程中会遇到一些非常复杂的问题，例如基坑围护结构的变形，对施工周边环境、地下管线、地面交通等的影响，始终受到地铁建筑单位的高度重视，所以，深基坑监测已经成为地铁施工过程中的必不可少的环节。随着现代化施工环境的复杂化，地铁车站要采取信息化施工，加强监测工作，合理设计监测方案，为地铁工程的顺利实施提供安全保障。

一、地铁车站深基坑监测的目的及意义

近些年来，随着工程建设规模的不断扩大，基坑工程事故频频发生，主要表现在支护结构的破坏、基坑塌方、大面积滑坡、基坑周边道路塌陷、临近设施破坏等，这些工程事故造成严重生命财产损失。根据统计数据分析，每一起工程事故都与监测不力有关。只有将现场监测和验证、优化设计结合起来，才能做到信息化安全施工。地铁工程的施工主要以明挖法基坑为主，根据地下工程安全监测的设计原则，进行地铁深基坑监测方案的制定，能够充分了解在地铁施工期间对周边地面建筑、地下管线等的影响程度，在对建筑对象遭破坏界定责任时，能够提供更加科学的报告与数据，更好的达到监测目的监测的数据以及对数据的分析对基坑工程的设计、施工均有非常重要的指导意义，是深基坑空间效应研究的必要手段。

为了保证基坑的顺利开挖，必须组织严密的环境监测做保证，结合现场的监测数

据与设计值进行对比,如果超出限值,就要采取相应措施,防止支护结构破坏或周边环境事故的发生。通过监测数据来对现场施工进行指导,使施工组织的设计得到优化。基坑监测为了实施对地铁基坑动态的监测,掌握基坑支护结构、地表建筑动态,及时对变形情况进行反馈,对以后的工程实施做好技术准备。

二、影响地铁基坑安全的主要因素

(一)基坑所在位置的水文地质条件

即使在同一地区,土壤的性质也千差万别,水文条件错综复杂,在进行工程勘探时,不能够完全保证所取的样本具有均匀性和稳定性,在地址勘察时会出现不可避免的误差,勘察所给出的统计值如果缺少相应的指标,会直接对基坑安全带来影响。

(二)周边环境资料的准确性

周边环境对基坑建设的影响非常大,建筑物的基础型式、与基坑边的距离、埋深布置等资料信息的准确性会对基坑建设安全造成不同影响。另外还要了解地下管线、电缆、排水管、煤气管等的准确位置,确定与基坑边之间的距离。

(三)复杂的外部环境

地铁基坑施工现场环境、地质条件、天气状况、交通环境等多方面因素会形成一个交错整体,对工程施工产生直接的影响与限制。

三、地铁深基坑监测主要项目

在地铁站深基坑项目中,施工过程的安全与否除了设计施工以外,还要有准确的监测数据,使设计人员能够及时对基坑的安全性做出判断,针对不同的支护方案、不同安全等级的基坑,是有明确的监测项目的,及时准确的监测数据是将工程事故控制在萌芽阶段的重要措施。

(一)地面沉降、桩顶沉降监测

沉降监测需要集合被检测对象周边的水准基点来进行监测,如果施工现场附近没有水准基点,则需要根据实际条件来对专用水准基点进行埋设,水准基点不能少于三个,设于工程点的两侧,定期对水准基点进行校核,防止自身发生变化,保证监测结果的准确性。对于桩顶的监测需要运用经纬仪和全站仪,在基坑的拐角处建立观测墩,在基坑边相对稳定处设置监控控制点作为基点,在施工影响外稳定处再设两个基准点,用于检核工作几点的稳定性。在施工期间,每隔两天要进行一次监测。沉降监测会运用高精密电子水准仪，视线长度不可大于50m，测量数据保留至0.1mm。在监测之前要对水准仪进行校验，并且在使用过程中不能随意更换。

（二）周边建筑倾斜程度监测

地铁深基坑的建设势必会对周边建筑物有所影响，为了确保施工的安全性，需要对周边不小于3H（H- 竖井深度）建筑物的倾斜程度进行监测，根据所确定的监测对象进行详细调查。

（三）钢支撑轴力监测

钢支撑轴力需要通过端头轴力计进行测试，在支撑受轴力前进行初始频率的测量，在地铁深基坑开挖前进行三次稳定的测量，取平均值作为计算应力变化的初始值。在测试的过程中一旦发现测定的数值无法读取或不稳定时，需要及时查明原因并采取补救措施，在轴力计钢支撑架埋设之前，需要将轴力计焊接在支撑的非加力端的中心，避免轴力过大造成变形，失去支撑的作用。

（四）深层水平位移监测

在地铁深基坑开挖期间，需要将主体围护结构作为支挡结构，承受所有水土压力以及路面的荷载，一旦主体围护发生变形会直接影响基坑建设状况。深层水平位移的监测大多通过活动式测斜仪进行，它能够深入到基坑围护结构的内部，监测基坑开挖期间围护结构在不同深度处的水平位移。监测原理为：在需要监测的部位埋设测斜管，将测斜仪的导向轮沿测斜管导向滑槽放入孔中，一直滑到孔底，以孔底为基准点，自下向上每间隔1m设一个监测点，当倾斜仪稳定在测斜孔的某个深度位置时，测斜仪会测出与铅垂方向的夹角，通过数学运算测量出偏开的水平位移。将测斜仪进行调转重新放入测斜孔中，将侧头滑到孔底，对深度标志处的数据进行重复提取，保证测量的精准度。

四、地铁车站深基坑监测结论

在地铁基坑开挖的初始阶段，钢支撑轴力的增长会比较快，随着土体开挖的完成，轴力逐渐平稳。钢支撑在基坑开挖阶段，对土体变形以及整个基坑的稳定性起到显著作用，能够缓解开挖后土体向墙内的移动。钢支撑周围土体开挖及拆除支撑的两个阶段，钢支撑会发生非常明显的变化，这种状态对基坑的稳定性带来很大影响，必须做出相应的预防措施，尽量避免开挖时土体处于无支撑状态。最后，在深基坑连续开挖阶段，墙体的水平位移会随着施工深度的增加而逐渐增大，整体的变化会在要求的范围之内,基坑开挖深度增大时,地下连续墙水平位移也会相应增大。

地铁车站深基坑工程是一项非常复杂的综合性岩土工程,在施工过程中基坑内外土体的应力状态都会直接引起土体的变形。通过深基坑监测分析不但可以保证基坑支护和相邻建筑物的安全,而且可以实现地铁深基坑的信息化施工。通过实时监测来掌握基坑在开挖过程中所引起的各种影响的严重程度以及变化规律,根据相关数据来推算发展趋势,为地铁施工提供科学的决策依据,确保基坑的支护结构以及周边环境的安全。

第四节　岩土勘察技术及深基坑的支护

岩土工程作为建筑工程中不可或缺组成部分,在工程建设规模不断扩大,基坑深度随之增加,如何有效提升深基坑施工质量,选择合理的岩土勘察技术,优化深基坑支护设计十分重要。这就需要明确岩土勘察重要性,把握岩土勘察技术应用要点,提升深基坑支护设计合理性。故此,就岩土勘察技术应用要点,明确岩土勘察技术支护设计要求,实现岩土勘察技术与深基坑支护设计深度结合。

社会经济持续增长下,社会主义基础设施建设规模不断扩大,高层建筑和超高层建筑涌现,建筑楼层增加的同时,基坑深度随之增加。深基坑施工难度较大,其中涉及到众多内容,任何一个环节出现问题,都将影响到建筑工程整体施工质量和安全。所以,需要选择合理的岩土勘察技术来获取工程相关信息,在此基础上优化岩土勘察技术支护设计,为后续施工活动有序开展,带来更大的经济效益。通过深基坑支护设计和岩土勘察技术分析,对于打造高质量的工程项目,推动社会经济持续增长具有积极作用。

一、工程建设中的深基坑支护设计

深基坑支护设计是否合理,直接关乎到深基坑施工质量。当前深基坑支护技术包括以下几种:①满足深基坑坑外土体压力挡土系统,包括地下连续墙和各种桩体,桩体中包括钢筋混凝土板桩、钻孔灌注桩、钢板桩和深层水泥搅拌桩。②深基坑围护结构的支撑和固定系统,包括型钢、钢筋混凝土内支撑和钢管内支撑。③满足深基坑挡水系统设计要求,包括压密注浆、地下连续墙、深层水泥搅拌桩和地下连续墙等。

(一)排桩支护技术

排桩支护技术是深基坑支护中的主要技术之一,包括防渗帷幕和支护桩构成。在深基坑附近设置一排钢筋混凝土灌注桩,满足挡土功能需要。此项技术施工便捷,操作简单，刚度大，具有较强的挡土效果，适用范围较广。同时，此项技术不会产生噪声污染，不会影响到周边区域居民日常生产生活，但是需要结合区域实际情况，选择合理有效措施来构建稳定的支护结构。

（二）深基坑搅拌支护技术

深基坑搅拌支护技术在实际应用中，通过水泥和软土之间物化反应，形成强度和硬度大的支护结构。借助此种技术，可以避免水分侵蚀和地基不均匀沉降问题，提升深基坑结构稳定性和承载力。在这个过程中，在软土中加入适量固化剂，优化配合比，减少水泥水化热，促进材料充分物化反应。施工人员在深基坑开挖后，技术清理杂土，保证深基坑深度，一旦发现及时清理，规避对周围环境带来不良影响。

（三）土钉支护技术

土钉支护技术在当前深基坑支护施工中效果较为可观，可以有效提升深基坑支护结构稳定性。具体施工中需要充分结合岩土工程实际要求编制施工方案，并进行相应的拉拔试验，确保土钉拉力和强度符合施工要求。在试验期间，要求与第三方监管人员在现场，保证试验结果精准可靠，便于后续施工活动顺利展开。

（四）地下连续墙支护技术

地下连续墙支护技术，结合工程实际情况设置，地下连续墙材料以钢筋混凝土为主，施工中检查机械设备和材料性能是否符合施工要求；确定基坑轴线为主，规范化开挖沟槽；保证沟槽深度和长度符合施工要求，并将钢筋笼置于沟槽中，保证施工匀速展开。混凝土浇筑施工，形成强度大的混凝土墙壁。

（五）锚杆支护技术

在深基坑支护设计和施工中，锚杆支护技术应用，首先将锚杆置于岩土中，另一端同支护装置连接，施加相应预应力，以便于提升深基坑支护效果。相较于其他支护技术而言，锚杆支护技术的环境适用性较强，可以规避深基坑深度的不良影响，但是不适合应用在有机质含量多的土质。

如果放坡大、土质好，可以采用坡率法支护技术，满足深基坑施工需要；土质一般，放坡有一定空间，可以采用钉墙支护技术。如果某坡段地下水水位深，坡体没有砂层，不需要采用降水措施进行施工。如果基坑底部采用孔桩，可以设计降水井，基坑完工后进行施工。在施工全过程中，如果发现砂层，可以进行充分的地质勘察来选择设计降水井，寻求合理的止水措施，以求提升深基坑支护设计合理性。需要注意的是，不同区域实际情况不同，需要结合基坑周围地质条件和地下水情况，获取精准可靠数据基础上进行支护。

二、工程建设中的岩土勘察技术

在深基坑支护设计中，对于支护方案的选择需要充分结合基坑周边实际情况，设计多个方案，并对比分析选择结构安全、经济适用的支护方案。如果建筑基坑周边没有市政基础设施和建筑物，水位高、地层厚，地下水储量丰富，可以选择降水方案进行深基坑施工。为了提升深基坑支护设计合理性，需要选择合理的岩土勘察技术，了解施工区域的实际情况。

把握岩土勘察技术重点和难点，结合地下水和地质岩性，编制合理的施工方案。对施工现场岩层水文条件和受力条件进行检验，确定岩土勘察位置，了解建筑物负重和岩土稳定性，并合理配置专业人员，保证获取的数据信息精准可靠。做好前期准备工作，有助于设计合理的施工方案，并结合施工现场指标参数，检查施工区域土质情况和电缆管道敷设情况，精准评估后方可施工。

分析岩土勘察技术可行性，确定基坑深度。通过钻探进行勘察，确定岩层分布特征，为后续的设计坑支护提供技术资料。环境调查了解岩性资料，把握岩层的风化情况、软化程度和断裂结构，综合分析内外部影响因素编制合理的施工方案。施工环境周围勘察，确定深基坑性质和维护结构，获取管道位置和埋深信息。

将采集数据整理和分析，借助计算机技术和设备辅助岩土勘察工作开展，提升岩土勘察技术自动化水平。

三、深基坑支护设计与岩土勘察技术的结合

（一）优化深基坑支护设计

深基坑支护设计中，通过岩土勘察技术应用可以获取工程相关信息，编制合理的施工方案，为后续施工活动开展奠定基础。为了保证深基坑支护施工质量，应该做好建筑材料质量检测，结合施工标准来选购材料，保证材料使用性能和使用寿命符合施工要求，在保证施工质量的同时，尽可能降低施工成本。根据不同环节施工需要，将材料运输到制定施工区域。定期组织施工人员专业培训，不断提升施工人员专业能力和职业素养，可以灵活运用前沿技术手段，规范化施工，为施工质量和安全提供保障。如果施工技术水平不高的人员，则需要加大准入制度，避免技术不符合专业资格的人员参与施工活动。

（二）强化岩土勘察技术

岩土勘察技术应用，需要把握岩土勘察技术要点，整合勘察获取的数据信息，在此基础上提升岩土勘察技术有效性。在现代化技术支持下，引进前沿的勘察技术和设备，提升勘察工作质量，为深基坑支护施工质量提供坚实保障。

深基坑支护施工中，为了保证工程质量，应该选择合理的岩土勘察技术来获取工程相关信息，把握勘察要点，在此基础上进行岩土勘察技术支护设计，为后续深基坑施工活动有序开展奠定基础。

第五节　岩土工程深基坑支护施工技术

地铁工程地下部分的施工，往往由于地质条件因素，施工危险性高。因此，需要对深基坑进行加固、防护处理。施工单位可以通过深基坑技术，来降低塌方事故发生几率，提升项目工程地下部分施工的安全性。本节将针对岩土工程深基坑支护施工技术进行研究。

随着科技的发展，使很多新材料、新技术应用于城市轨道领域，促进了我国城市轨道交通行业的发展。但同时，轨道交通行业在发展中也存在着一些问题，如在施工过程中深基坑支护的边坡修理问题、土层开挖等，这些问题都会影响地铁工程的质量。因此，企业需要重视地铁工程的深基坑施工质量，要结合工程的实际施工情况，选择适宜的深基坑支护施工技术，来带动整个工程质量的提升。

一、深基坑支护施工中存在的问题

（一）边坡修理方面的问题

在深基坑开挖过程中，企业由于自身的原因，如管理不当，施工人员没有按照规定操作机械等，可能会造成工程出现超挖、欠挖情况，影响工程表面的平整度、顺直度等，使其达不到设计要求，进而影响工程质量。若用人工修理边坡，也会因各种条件限制，很难对边坡进行深挖，这种情况也容易造成，挡土施工完成后，项目工程深基坑存在欠挖、超挖情况，从而影响深基坑支护工程质量。

（二）土层开挖与边坡支护方面的问题

深基坑支护施工，需要由专业的施工团队来完成，虽然深基坑支护开挖工作，技术要求低、难度小，但挡土支护施工，需要较高的技术水准，而且管理难度较大，很多施工团队难以高质量的完成该项工程施工。在深基坑支护工程施工过程中，往往存在多个平行分包合同,这为整个项目工程的协调增加了难度。同时还存在一些企业,为了加快施工进度,提升企业经济效益,没有按照规定流程进行开挖工作。同时,在施工过程中,没有充分考虑挡土支护工程的施工,进而影响了之后的挡土施工,导致工程进度缓慢,无法按照计划工期如期完工。还有部分企业,为了减少成本支出和增加自身经济利益,会在施工过程中更改施工方案,也会影响工程质量和增加施工风险。例如某企业,为了赶进度,提高自身经济效益,没有按照规定流程进行土石方开挖,虽然在工程前期,该项目土石方开挖速度有了明显提升,但由于前期的不规范施工,给后期挡土支护施工造成了很多影响,拖慢了挡土支护工程施工速度,反而影响了工程的整体施工速度。因此,企业在实际施工过程中,要从大局着想,不能为了阶段性利益而不顾工程的整体布局,要科学合理的规划施工方案,进而推动整个项目工程的顺利实施。

二、岩土工程深基坑支护施工技术分析

(一)钢板桩支护技术

在深基坑施工中,施工人员需要将热轧型钢加工处理成钢板桩,才可将其用于工程施工,加工处理方法有钳口式和锁扣式两种,然后将钢板桩互相连接,可形成板桩墙。在建筑工程中,使用板桩墙用于基坑支护,能够挡水、挡土的作用,可以保证基坑施工的安全。在地铁工程施工过程中,一般常用的钢板截面形式,主要为 U 字形和直腹板形两种。钢板桩因为简单,便于操作,在深基坑施工中有着较大应用,但钢板桩在使用过程中,可能会受周围地形的影响,在外力作用下使其发生变形、震动等。钢板自身具有一定的柔性,这使其在施工过程中,若没有对钢板做好支撑和锚拉,可能会使钢板在外力作用下发生变形。建筑物密度较大的区域,不适合使用钢板支护技术。

(二)深层搅拌桩支护技术

简单来说,深层搅拌桩支护技术是将胶凝材料和软土混合搅拌在一起,使它们之间发生物理、化学反应,改变它们的性能,进而增加地表的硬度和稳定性。建筑工程中常用的胶凝材料有石灰、水泥等。深层搅拌桩支护技术,主要用于深度小于 7m 的基坑支护施工,而且需要基坑边缘和红线保持一定的距离。水泥自身具有一定的特殊性,将其用于地铁建筑的深基坑支护工程,可以起到挡土、挡水和防渗透作用。重力结构是深层搅拌桩的主要结构形式,它可以借助自身的重力结构,来抵消基坑的侧向力,从而达到基坑表面受力平衡,增加基坑稳定性的作用。深层搅拌桩支护技术

的优点是，轨道交通企业可建筑机械设备进行土石方开挖，简单的同时还能节省企业开支。

（三）排桩支护技术

排桩支护技术，是在基坑周围设置钢筋混凝土桩孔，然后将钻孔桩用于挡土结构。在排桩技术应用的过程中，施工人员要让桩列之间保持一定距离，桩列相隔太近会影响桩列作用的发挥。桩列虽然有较好的强度，但是由于它们之间存在着连系差，在施工过程中，轨道交通企业需要加以重视。钢筋混凝土桩的背桩、桩间，要采用高压注浆的形式，对桩间和背桩进行注浆。排桩支护技术的优点是施工工艺简单，可以采用机械进行钻孔，而且在施工期间，对周围的环境影响较小，非常适合轨道交通工程的深基坑支护施工。

（四）土钉墙支护技术

土钉墙支护技术对施工环境中土地自身的稳定性要求较高，需要土体本身具有较高的稳定性，才能进行该技术的应用。同时，相对而言，土钉墙技术花费的时间较少，造价成本较低，且能根据项目实际情况，降低对地铁工程土地面积的占用，这是土钉墙技术的有点，但是土钉墙支护技术的缺点，同样不容小觑，土钉墙没有防水能力，自身都容易遭受水的破坏。因此，采用这种技术，无法起到防水作用。使用土钉墙支护技术前，要对施工区域进行降水处理。某项目在施工时，由于该地区的土层稳定性较好，该企业的技术人员经过考察和论证，最终在地下工程的施工过程中，采用了土钉墙支护技术，该技术由于耗材少、工期短，有利于企业的成本控制，但在采用土钉墙技术前，施工人员没有对施工区域做降水处理，同时也没有完善工程的排水措施，导致在施工过程中，由于天降大雨，使很多雨水进入了施工区域，并机具在了施工区域，导致土钉墙遭受破坏，使其起不到支护的作用，给该企业造成了不少经济损失。

（五）地下连续墙支护技术

地下墙的刚度性能较好，这使它具有较好止水、防渗作用，在软土地基结构的建筑工程中，可以使用这种支护技术。随着科技的发展，很多新技术和新设备被应用于建筑工程，这使得地下连续墙作用明显，既然起到防护基坑的作用，还能影响建筑物的侧墙体系构建。将地下连续墙支护技术用于与深基坑防护中，可以起到防止深基坑土地变形的作用。

（六）锚杆支护技术

锚杆支护技术，是将锚杆，将锚杆的两端，插入岩土层和与支护结构相连，然后对锚杆施加外力，这样能使锚杆自身受力，再将受力情况传递到岩土层，可以调动岩土层的深部潜能，进而起到加固和稳定岩土层的作用，增加深基坑土层的稳定性。锚杆支护技术不容易受基坑深度的干扰，且能适应大多数地形和环境的坑基支护，且能与其他支护技术可以一起使用，但需要注意，工程基坑为有机土质时，不能用锚杆支护技术作为深基坑的支护手段。

基坑支护施工，是地铁工程中的关键施工，它的施工水平对建筑工程施工会产生重要影响。因此，在施工环节，轨道交通企业要重视深基坑支护施工，通过前期勘察，了解工程特点和现场实际情况，并在此基础上，综合考虑基坑支护施工的各种情况，选择适宜的施工技术和制定科学合理的施工方案，推动地铁工程地下部分施工质量的提升，为深基坑的安全施工奠定基础。

第六节　市政工程深基坑施工技术

当前我国城市整体发展水平的提升，为与之相关的市政工程建设创造了有利的条件。实践中，在进行市政工程深基坑施工作业时，为了满足其施工计划高效实施的要求，增加深基坑施工中的技术含量，则需要考虑相应的施工技术使用，进而降低市政工程在实践中的深基坑施工风险。基于此，文章将对市政工程深基坑施工技术进行系统阐述，以丰富其施工方面的研究内容，优化市政工程基础结构的使用功能。

注重市政工程深基坑施工技术探讨，可使施工效果更加显著，并为深基坑施工作业的有效开展提供技术支持，满足市政工程建设的实际要求。因此，需要在市政工程深基坑施工中，充分考虑施工技术，将其应用过程方面的控制工作落实到位，促使深基坑施工计划可按期完成，为其在市政工程建设中实际作用的发挥提供技术保障。在此基础上，可使我国市政工程深基坑施工更加高效，减少这方面的施工问题。

一、市政工程深基坑施工技术的应用价值探讨

实践中为了扩大市政工程深基坑施工技术的应用范围，保持良好的应用状况，则需要对这方面的施工技术应用价值有所了解。具体表现为：（1）通过对市政工程深基坑施工技术应用的考虑，可使施工作业的开展更具针对性，最大限度地降低深基坑施工问题发生率，给予市政工程基础结构稳定性水平提升相应的支持；（2）注重市政工程深基坑施工技术的应用，可满足其施工质量可靠性要求，优化深基坑在市政

工程建设中的使用功能,并为市政工程的后续施工计划高效实施打下基础;(3)重视市政工程深基坑施工技术的应用,可实现对其施工问题的有效应对,保持市政工程建设中深基坑良好的功能特性。

二、基于市政工程的深基坑施工技术分析

在开展市政工程深基坑施工作业的过程中,为了使其中的技术含量可不断增加,科学应对深基坑施工风险,则需要考虑相应的施工技术应用。

(一)测量控制方面的施工技术

在实施市政工程深基坑施工计划的过程中,为了减少这方面的施工问题,则需要考虑测量控制方面的施工技术的应用。具体表现为:(1)根据市政工程深基坑所在区域的实际情况及高效施工要求,设置好测量控制点,且在性能可靠的专业测量仪器支持下,对深基坑的水平位移、垂直变化等进行深入分析,并将有效的控制工作落实到位,确保市政工程深基坑施工方面的测量控制和有效性;(2)基于市政工程深基坑测量控制施工技术的应用,需要施工人员注重对基坑顶部位移的观测分析,实施相应的施工监测作业计划,且在行业技术规范的指导下,对深基坑施工过程中进行有效的测量控制,降低其施工风险的同时实现对测量控制施工技术的高效利用。

(二)钻孔灌注桩施工技术

通过对市政工程深基坑施工要求的考虑,应注重钻孔灌注桩施工技术的科学应用,促使深基坑施工质量得到有效保障。在深基坑施工技术应用过程中,应做到:(1)开钻前,应检查轴线的定位点与水准点是否正确、放线定桩位是否有效等,避免影响钻孔灌注桩在深基坑施工中的应用效果。(2)当桩机就位后,需要在设置好的桩机位置埋设孔口护筒,为定位、泥浆储存、钻孔等提供保障。钻孔过程中应对钻进速度、整体地钻进状况等加以考虑,使得钻孔灌注桩施工技术在市政工程深基坑施工中可发挥应有的作用;(3)当钻孔深度达到设计要求后,需要落实清孔作业,检测合格后可下放钢筋笼及混凝土的水下浇筑作业,为深基坑在市政工程建设中的性能优化提供支持。

(三)开挖施工技术

基于市政工程深基坑开挖施工技术的应用,有利于提高深基坑施工效率,满足其高效施工要求。具体表现为:(1)做好深基坑开挖前的准备工作,完善所需的施工设备、专业资料等,清除基坑开挖区域的杂物;(2)制定切实有效的深基坑开挖施工方

案并实施到位,为市政工程在这方面施工作业的有效开展提供科学指导;(3)深基坑开挖施工中需要对土方结构状况、开挖效果及深度等进行充分考虑,针对性地进行市政工程深基坑的开挖施工作业,丰富深基坑施工内容,保持其施工作业进行中良好的技术含量。

(四)高压旋喷止水桩施工技术

在选用市政工程深基坑施工技术的过程中,也需要考虑高压旋喷止水桩施工技术的应用,促使相应的施工作业得以顺利开展。具体表现为:(1)在就位对中、预钻孔、下喷管慢速喷浆上提、重复下喷管等施工工序流程的支持下,将高压旋喷止水桩施工技术应用于市政工程深基坑施工中,且在前台机操作工与后台制浆工的配合作用下,完成喷浆作业,防止出现断桩基缺浆问题,使得高压旋喷止水桩施工技术在深基坑施工应用中可发挥应有的作用;(2)高压旋喷止水桩施工技术支持下的市政工程深基坑施工,也需要对其施工过程加以控制,充分考虑桩头质量是否可靠、桩头均匀密实状况是否良好等,为市政工程深基坑施工状况的改善提供保障,消除施工中可能存在的安全隐患。

(五)其他方面的施工技术

(1)钢板桩支护施工技术。在性能可靠的热轧型钢支持下,可将钢板桩支护施工技术应用于市政工程深基坑支护施工中,增强对水土阻隔方面的作用效果,提高深基坑支护施工质量,促使其在市政工程建设中有良好的应用效果。

(2)深层搅拌桩支护施工技术。市政工程深基坑施工中使用这种支护施工技术时,可在水泥、石灰等材料的作用下,实现对水泥土墙的科学使用,从而提高市政工程深基坑支护结构的稳定性及强度,提升其支护施工技术的应用效果。

(3)排桩、土钉墙支护施工技术。基于排桩的市政工程深基坑支护施工,可通过对灌注桩的合理设置,优化深基坑支护结构的使用功能,满足其强度要求,减少对深基坑施工质量方面的影响。同时,需要根据市政工程深基坑支护施工要求,注重土钉墙的合理设置,为深基坑施工中的安全性能优化提供技术保障,确保其施工有效性。

三、市政工程深基坑施工技术应用方面的注意事项

为了使深基坑施工技术在市政工程建设中的应用水平可逐渐提升,避免影响这方面施工技术的应用效果,则需要了解相关的注意事项。具体包括:(1)选用深基坑施工技术的过程中,应与市政工程所在区域的实际情况相符合,并通过对行业技术规范要求的考虑,科学使用深基坑施工技术,降低施工风险;(2)重视施工人员综合

素质的培养，提升对市政工程深基坑施工技术应用价值的认知水平，并控制好这类施工技术应用过程，使得市政工程深基坑应用中的性能得以不断优化，实现这类工程既定的建设目标，满足现场城市科学发展要求。

综上所述，在有效的深基坑施工技术支持下，可使市政工程深基坑施工计划得以深入推进，满足其施工进度、质量等方面的要求，并提升市政工程深基坑施工中所需技术的潜在应用价值。因此，未来在优化市政工程深基坑施工作业方式、提升其整体施工水平的过程中，应考虑深基坑施工技术的高效利用，并通过对其应用过程的严格把控，使得深基坑施工技术作用下的市政工程基础结构稳定性状况得以改善，避免影响施工效益。同时，应重视市政工程深基坑施工技术应用方面的实践经验的不断积累，更好地体现其应用价值。

第五章　深基坑支护技术

第一节　浅谈建筑工程深基坑支护

随着建筑行业的日益发展,对工程的基础施工要求也越来越高,为了保证工程项目的长久性、稳定性以及安全性,就要把深基坑技术应用到其中来。在实际的工程施工过程中,要制定一套完善的管理体系,提高技术人员的综合素质以及专业技能,深层次的研究深基坑技术。在选择有关施工技术时要保证规范性,从而保证了在施工时使用深基坑技术的安全,不断的提高了整体质量。

一、关于深基坑技术施工中存在的问题

(一)土方开挖的施工质量问题

深基坑的工程是一项具有综合性、复杂性和系统性的特点,当然这些繁琐的工序给施工带来了难度,特别是开挖土方的施工质量的相关工作。在一般情况下,为了尽快在有效的工期内完成施工,土方施工单位就会不按照实际的开挖土方的顺序进行。如果施工时遇到雨雾天,就会大大的增加施工难度,不仅影响了施工的进度,而且还破坏了挡土支护的施工。除此之外,在一些的建筑工程中存在着很多的转让承包的问题,必须要严格审核施工操作人员的条件、资质和行业标准,避免出现质量问题,从而提高了施工安全,降低了风险性。

(二)施工设计同实际情况不相符

在施工时要提前对深基坑技术的施工方法和要求进行合理的规划设计,得出精准的数据,并且还为以后的施工提供了保障。有很多的设计和实际的施工情况不一致,主要表现为以下几个方面:①当前没有统一规定基坑支护的要求和标准,导致了设计人员不能很好的对深基坑进行施工设计,仅仅依靠自身的经验是不能够确保设计的合理性和精准性;②多样化的建筑形式深受大家的欢迎,传统的深基坑技术已经不能满足当前的市场需求;③没有充分的了解深基坑的施工设计,不能正确掌握施工动态。

二、深基坑支护结构与支护技术

（一）预应力锚杆支护技术

把锚杆其中的一端和支护桩相互连接在一起，把另一端插入地层中，这种技术就是预应力锚杆支护技术，这种技术在安装的过程中是对锚杆施加了有效的预应力，然后在用水泥浆体把受预应力的钢筋和土层之间相互粘合在一起，不仅能使周围的土体产生的侧压力转到土体深处，而且还实现锚杆支护和土体压力相互统一。当然，在使用这项技术时，还要根据基坑支护和建筑功能性的需求，控制好锚固段和自由段之间的长度，合理实际安装的角度，选择合适的注浆材料，确保压力和工序，为锚杆支护施工的安全性、可靠性和经济性提供了保障。

（二）重力式水泥挡墙技术

利用墙体自身的重力来抵御土体侧压力的支护结构使用的就是重力式水泥挡墙技术，把水泥和地基软土通过搅拌机进行有效的融合，提高地基和土体的强度，这种方式也是深基坑支护方式其中的一种。实体式和格栅式的挡墙技术也是经常使用于工程基础施工中。如果开挖深度小于 6m 的软土基坑支护时，就可以使用重力式水泥挡墙技术；如果开挖深度大于 6m 软土基坑支护时，就需要把加筋杆件插入到水泥中，才能有利于加筋水泥土挡墙的形成，只有这样，才能实现挡土和水的功效。在使用重力式水泥挡墙技术时，要对地下水和混凝土材料之间的相关问题进行充分考虑，比如腐蚀问题和使用寿命等问题，水泥浆的密度、输浆量、钻头的角度和钻井的深度等相关问题也要重视，并且要严格控制，成桩以后在规定的时间抽查检验桩身的质量和桩体的强度是否符合建筑标准以及设计要求。

（三）土钉墙支护技术

首先利用土钉把基坑侧边的土体进行加固，然后在边坡处铺上钢丝网，最后再喷射混凝土，使得支护结构和土方边坡相互粘合，这种加固方法就是运用的土钉墙支护技术。利用土钉墙支护技术不仅可以加强土体自身的稳定性，而且还达到了基坑支护的要求。只有把土钉墙技术、水泥桩、微型桩和预应力锚杆技术相互结合，这样就会形成复合式土钉墙支护技术，才能适应当前建筑的发展需要，不仅提高了施工进度，而且还减少了占地面积，从而大大的降低了放坡的难度，提高了经济效益。

如果开挖基坑的深度小于 12m，而且等级在 2~3 级之间的非软土地质就可以使用土钉墙支护技术；如果开挖基坑深度大于 12m 时，就要使用复合式土钉墙支护技术。在使用土钉墙支护技术时，注浆的工艺、土钉墙拉拔和混凝土喷射的设计试验要加强,计算出准确的参考数据。为了满足建筑发展需要和设计要求,就要确保土钉孔锚固浆砂的强度以及注浆的压力和喷射混凝土的强度以及厚度。

三、应用深基坑支护技术的要点

(一)落实施工前的准备工作

在正式开工前,施工单位应做好相应的施工准备工作,主要包括技术准备、设备准备、人员组织准备、物资准备等。只有做好准备工作,才能保证工程顺利的开工,才能保证工程的整体质量,进而保证建筑工程在规定的工期内完成所有的施工任务。在施工准备阶段,施工单位在做好图纸及相关资料的收集整理工作后,确定与编制深基坑支护、降水及开挖专项施工方案,基坑达到深基坑要求的必须进行专家论证。根据专项施工方案合理的选择施工设备,确定专业分包队伍,专业分包单位必须具备相应的施工资质。

(二)科学合理的制定方案

首先要制定一套完善的、科学合理的施工方案,然后在经过专家和相关部门的论证和评估之后,最后才可以使用到建筑工程的施工中,从而为工程的顺利进行提供了保障。相要确定地基的沉降程度和位移数值,就要结合实际施工的地质和环境进行全面的分析,才能制定深基坑相关设计方案。除此之外,如果施工过程中支护架构承受的压力过小,就会有压弯和折断等现象的发生。在设计施工方案时,要把现代化先进的技术和工艺作为优先考虑对象,保证施工的合理性、有效性,监督管理好施工方案的实施,严格遵守施工规范要求,提升工程的整体质量和安全问题。

当前,我国建筑行业还处于发展时期,在建筑工程管理上还存在着一些问题,特别是在深基坑技术的使用上,要加强和改善施工环节,因为它是建筑工程中最重要的组成部分,对工程质量起到了很大的影响。那么,我们就应不断的提高施工技术水平和技术人员的综合素质,不断的完善管理体系,从而提升建筑工程质量,提高建筑效果,达到建筑标准,实现建筑目标。

第二节 工程深基坑支护施工要点

目前随着社会经济发展的不断深入,工程开挖逐步加深,深基坑施工环节也变得越来越重要。深基坑施工过程中存在很多且复杂的技术要点,因而为了保障施工安全,就要加强对其施工各环节的管理力度,同时对施工技术也要进行不断的优化和调整。对此,本节通过对深基坑施工的特征进行一定的分析,进而探讨施工中的一些要点,希望能更好的开展深基坑的施工。

建筑深基坑支护施工是深基坑施工的安全的重要保障,因而在整个建筑工程项目施工中,深基坑开挖支护可以说是一个较为重要且关键的环节。此外,深基坑支护的施工对地下工程实施奠定了坚实的基础,能够有效保障施工人员的人身安全,同时也能够保障地下工程质量。

一、建筑深基坑开挖支护施工特征

建筑工程深基坑施工的复杂性较高。目前,城市化建设的不断发展,使得城市中出现了越来越多的高层建筑建设工程项目,而深基坑施工与建筑工程项目整体存在直接的关联,因而深基坑施工的重要性也逐渐得以显现。深基坑施工因周边环境和气候影响,具有复杂性和多变性等特点,因此在深基坑支护结构施工过程中,除了根据施工方案施工外,还应根据实际情况进行动态调整和监测。

具体包含的内容如下:一,复杂的施工环境。在建筑工程施工开展的前期阶段,要进行一定的勘察与分析工作,所包含的内容有施工场地的主体环境、水文地质情况、施工管线布置条件等,其自身位置所处的周围环境具有比较靠近的建筑物等,就给会深基坑施工环境带来更高的难度与复杂性。因而,在施工开展前期需要对周边环境等进行综合考量,并针对环境与施工项目的顺利开展影响与否进行正确、合理的判断,进而保障施工得以顺利开展、同时也能促使施工项目的质量以及安全稳定能得到有效保障。二,施工场地多变的地质环境。通常情况下,高层建筑整体施工条件都极具复杂以及繁琐,对深基坑施工来说,其深度一般都要在 5 米以上,同时也要面临着具有一定多变性质的地质环境,因而建筑工程深基坑施工前应根据实际情况以及具体环境进行专项施工方案设计,必要时应组织专家论证并根据专家意见修改方案。三,施工现场有限的条件。当今社会土地资源严重紧张,深基坑的开挖范围受限,应尽可能采用分层分段开挖,进而促使深基坑开挖的安全性能得以有效保障。

综上所述,深基坑施工过程中面临着极其复杂的水文地质环境。而深基坑施工工期较长、范围广泛不可抗力因素等较多,如气候环境、天气变化等都可能影响着施工技术实施的有效性,进而影响着深基坑施工高效率、高质量的开展。

二、深基坑施工要点探讨

（一）施工前期准备阶段

建筑工程深基坑开挖的前期阶段，应对以下技术要点进行一定重视和掌握。勘察深基坑开挖位置的地下既有管线。要对地下管线位置进行精确的定位，同时对其是否与深基坑存在相互冲突的问题进行重点观察和考虑，为了促使深基坑施工能够有效避开地下既有管线得到有效保障，进而对管线破损现象的发生进行一定的避免，在必要情况下一定要加强对地下既有管线的保护、选择合适的保护措施进行保障地下管线的安全。

（二）地下水控制

为保证地基基础工程的施工得以正常进行，选择有效措施对基坑水位进行控制是非常必要的。应根据工程地质和水文地质条件、基坑周边环境要求及支护结构形式，选用降水、截水、回灌或其组合方法，确保基坑干燥。工程降水可根据土层情况、渗透性、降水深度、地下水类型等因素选择集水明排、真空井点、喷射井点、管井等方法；当基坑周围存在需要保护的建筑物或地下管线且基坑外地下水位降幅较大时，可采用地下水人工回灌措施。

（三）土方开挖阶段的施工要点分析

深基坑土方开挖过程中，应对相应的技术进行充分掌握，进而促使深基坑土方开挖质量、效率以及水平得以有效提高。深基坑土方开挖阶段的施工要点有：应对土方开挖施工方案要做到严格遵守，对土方开挖规定的标准顺序以及方式方法等进行充分明确，进而保证土方开发过程中具有一致性的前期设计与施工应用技术和施工开展流程，同时要遵循的深基坑开挖施工原则为开槽支撑、先撑后挖、分层开挖、严禁超挖，对支撑结构等也应结合施工实际需要进行科学选择，尤其是要对超挖现象的产生进行有效规避；要对深基坑土方开挖工作及相关技术要点进行合理的制定并有效落实，才能避免边坡失稳现象。深基坑土方开挖施工应配合支护结构和支撑体系施工，进而切实有效的保障高质量、高稳定性的深基坑施工。

（四）支护结构施工要点分析

在应用支护结构施工过程中，应根据周边环境、开挖深度、地质条件和变形要求等进行充分考虑，选择排桩或地下连续墙等围护结构。不同的支护结构施工工艺特点也是不尽相同的，选择的支护桩合适与否会直接影响施工的牢固和稳定与否，也就是说,如果支护结构比较合适、那么施工的牢固和稳定性能就越高,反之则牢固性和稳定性则越低。目前我国深基坑施工多采用的围护结构主要采用排桩,就是在基坑周边设置一圈灌注桩形成排桩、其结构主要材料运用的钢筋混凝土,然后在灌注桩上设置冠梁和腰梁,把支撑体系设置在冠梁和腰梁的中间,必要时进行临时支撑,进而使得内撑式支护结构体系形成。此外,支撑体系的拆除工作也应保障主体结构的安全才能开展,而且拆除顺序应对支撑结构特点以及现场平面布置等进行确定,才能有效保障施工整体的安全性能。

总而言之,工程深基坑工程是较为复杂且专业性较强的分部分项工程,需要各参建单位对施工流程进行切实有效、合理的规范,加强各个环节的严格把控,才能对深基坑施工要点落实到实处,保障施工安全,进而促使施工质量得以有效提升,保障建筑项目整体质量,促进建筑行业在社会竞争力日益渐增的背景下保障自己的核心竞争力,进而进行稳定可持续发展。

第三节　高层建筑深基坑围护施工

在建筑高度不断增加的背景下,基坑开挖规模和深度不断增加,增加了基坑壁坍塌的概率,强化基坑围护施工是确保当下高层建筑施工深基坑施工作业有序开展的重要保障。本节重点就常用几种高层建筑深基坑围护施工类型及应用要点进行探讨。

作为高层建筑施工的重要组成部分,深基坑施工的质量会对建筑结构的承载性能产生直接影响。但是深基坑的基坑开挖深度比较大,同时会受到不同土质或水文地质条件的影响,所以深基坑施工期间容易出现基坑壁坍塌等质量病害,影响深基坑施工有序开展。为了确保施工质量,必须要做好深基坑围护施工,确保可以为深基坑施工创设一个稳定、安全的基坑施工环境。

一、地下连续墙及其应用要点

(一)导墙施工要点

在地下连续墙施工期间,成槽施工前要先按照设定的施工方案,结合设计轴线来进行导墙施工,以为后续的挖槽施工指明方向,避免槽端上方部位处出现坍塌问题。在实际的导墙施工过程中,一般主要以 $1 \sim 2m$ 深度为宜,且以 L 形为主,同时要将其顶面比施工地面高一些,这样可以避免槽段流入地面水;在导墙拆模后,要及时在墙间架位置处合理地设置支撑结构,且在混凝土没有达到规定强度前禁止导墙附近有重型施工机械开展施工作业,否则容易使导墙出现位移或开裂等质量问题。

（二）挖槽施工要点

在挖槽施工之前,施工单位需要结合高层建筑深基坑施工现场以及周围场地的实际情况,科学确定挖槽施工方案,同时要结合施工规定和要求,对各个挖槽施工中的施工要点进行管控。比如,要结合设计墙厚来对地下连续墙的挖槽宽度进行科学确定,一般主要包括 600mm、800mm 和 1000mm。在实际的挖槽施工中,施工单位主要在泥浆中进行施工,且当下主要以导板或导杆抓斗、多头钻成槽机等挖槽施工设备,同时在挖槽施工期间要按照单元槽段来进行挖槽施工,待挖到设计标高后可以开展清槽换浆,待开槽施工验收完毕后再搁置导管来压入清水,不断地吸出槽底的泥浆,待其稀释到相对密度为 1.1～1.2 后为止。在清槽操作后,要及时进行钢筋笼和接头管下放施工,并及时开展混凝土浇筑施工,避免槽端出现塌方事故,必要的时候还需要进行二次清槽施工。

（三）清底施工要点

在挖槽段挖到设计标高之后,要借助超声波或钻机钻头等方法来对槽端断面进行检测,一旦其误差不满足规定精度要求,那么就需要重新借助锁扣管或冲击钻并联冲击来进行修槽施工,同时需要清理槽段接头。待结束挖槽操作后,泥浆中悬浮的土颗粒会逐步沉淀到槽底,且在挖槽期间要将槽内残留的土渣或者钢筋吊放从槽壁上面刮掉的泥皮等进行及时排出,避免槽底存在土渣或泥皮。

（四）浇筑施工要点

在清底操作完毕后,可以运用导管来进行混凝土浇筑施工,相应的导管数量和槽段的长度之间具有紧密联系。一般如果槽段长度＜4m,那么可以应用一根导管来进行混凝土浇筑;如果槽段长度＞4 m,那么需要设置 2 根及以上数目的导管来进行混凝土浇筑。而所用导管的内径一般主要为 8 倍的粗骨料粒径。此外,在浇筑混凝土期间,插入到混凝土内部的导管下口深入一般适宜控制在 2～4m,深度不宜过大或过小,否则过小的导管插入深度会容易使泥浆混入到混凝土中而影响其施工质量;过大的导管插入深度则却会下部沉淀比较多的粗集料,反之混凝土的面层则会容易集聚比较多的泥浆,影响整体的连续墙施工质量,所以必须要对各个施工环节加以有效控制。需要注意的是,在施工完毕后,施工单位要采用科学、合理的检测技术来对深基坑围护施工质量进行有效评价,确保及时发现和解决深基坑围护施工中存在的质量问题或安全隐患。比如,检测下混凝土表面是否存在裂缝等,一旦发现施工质量问题后就需要及时加以解决。

二、钻孔咬合桩及其应用要点

（一）导向墙施工要点

在导向墙施工期间，要避免导槽开挖施工中出现导墙移位情况。在实际的导墙浇筑施工期间，要本着同时交替开展的方式来对两侧导向墙进行施工，避免出现走模问题，否则需要及时停止施工，并重新加固模板，待检测合格后方可继续进行导向墙施工。在振捣混凝土的时候，要灵活地应用插入式振捣器等振捣施工工艺，以插入式振捣器为例，其振捣间距一般适宜控制在 600mm，期间需要保持振捣的全面性和均匀性，但是同样需要避免出现跑模问题。

（二）成孔施工要点

在钻机就位后，要在夹管装置放进第一节套管，确保圆心线和桩中心线保持重合，之后要借助测量仪器来对套管垂直度进行合理调整，确保其满足规范和施工要求，再配合转动臂来使套管在某范围内进行下压或转动。在此施工环节中，套管可以对钻孔孔洞进行有效保护，可以在避免孔径缩小的同时，对混凝土体进行有效切割来避免流失过多的混凝土，确保被切割桩体的整体质量。待第一节套管切割土体的深度达到特定位置后，要借助锤式抓斗去除套管中多余的土体，同时要对夹管装置进行不断转动，期间需要对套管进行实时调整来确保其有良好的垂直度，待挖到规定桩底标高后即可停止，相应各节套管垂直度偏差度不可超过 0.15%，具体可以借助经纬仪或铅锤等来对套管垂直度进行有效控制。

（三）混凝土灌注施工要点

在混凝土灌注前，施工单位需要对钻孔内是否存在积水进行仔细调查。如果钻孔中存在水，那么要采用混凝土水下灌注法来进行施工，否则如果钻孔中不存在水，那么适宜应用混凝土干孔灌注法，同时要做好混凝土的振捣施工。在混凝土灌注期间，可以现象钻孔内灌注 3m 沪宁图，之后将套管提升 30cm 左右的高度，借此来对机械上拔力是否满足混凝土浇筑施工要求进行验证。

总之，深基坑围护施工是确保高层建筑深基坑施工有序开展的重要保障，常用的围护施工方法主要包括地下连续墙和钻孔咬合桩等。在确定好深基坑维护施工方法后，需要结合施工现场实际情况和周边环境情况，依据施工规范和要求，科学制定施工方案，确保所用深基坑围护施工方法应用的整体质量，为后续的深基坑施工创设良好的工作环境。

第四节　深基坑支护结构设计要点

通过对深基坑支护结构方案设计的审查，总结深基坑支护结构方案设计的基本内容，归纳其设计要点，为进行深基坑支护结构方案设计的技术人员提供参考，同时为深基坑支护结构施工图设计做好前期技术准备。

随着城市建设的发展，高层建筑越来越多、越来越大，建筑地下室面积不断增大，基坑开挖也越来越深；由于城市地质条件比较复杂，地面建筑、道路、地下设施与管线越来越密集，深基坑工程的实施过程可能产生很大的风险，如处理不当，极易酿成事故，造成巨大经济损失和不良社会影响；而深基坑工程又具有设计、施工、监测技术难度高、结构隐蔽性强、涉及不确定因素多的特点，其中的设计工作的优劣将直接影响到基坑工程的安全、工期和投资的经济、合理性。

以往基坑设计工作通常在一个设计单位内部完成，从设计构思、设计完成、设计审核基本上是由1~2个最多2~3个技术人员完成，且年轻工程师比较多，整体内容还不够完善。不同设计单位之间的方案设计表现形式亦是各式各样，有些重点要点不突出、不到位，给审查工作带来一定困难或困惑，给施工、使用留下一定的隐患。因此进行方案设计并且通过第3方审查的形式得到提倡和推广，并取得比较好的成效。为了更好地推进这方面的工作，通过一定时期的对深基坑支护结构方案设计的审查和总结，进一步探讨了深基坑支护结构方案设计的基本内容，归纳其设计要点，是很有必要的。

一、方案设计要求

深基坑支护结构方案设计简称"方案设计"，应依据有关文件、资料及相关规范、标准，结合基坑周边环境和地质条件、基坑开挖深度等因素，做到安全适用、技术先进、经济合理、保护环境、保证质量、方便施工；在设计使用期限内保证基坑周边建(构)筑物、道路、地下设施、地下管线的安全和正常使用，保证主体建筑地下结构的施工空间；分析判断计算参数取值和计算结果的正确性与合理性。

二、方案设计主要内容

（一）工程概况

基本情况工程名称、业主单位、详细地址；拟建建筑物层数、高度、结构特点、基础形式；地下室层数、地下室面积、室外地面标高、地下室顶板设计标高、地下室层高、地下室底板标高、基坑开挖深度、周长、面积；基坑周边环境情况；基坑支护拟采用的方案、基坑挡水及降水措施；预计基坑施工时间等。

设计等级根据基坑规模、基坑开挖深度、基坑周边环境和地质条件、拟采用的支护结构方案，按照《建筑基坑支护技术规程》JGJ120-2012 表 3.1.3 确定基坑支护结构的安全等级；参考附表 1 和表 2 的方法确定。

使用期限根据《建筑基坑支护技术规程》JGJ120-2012 第 3.1.1 条，支护结构设计使用期限不应小于 1 年。

（二）设计依据

有关资料：岩土工程详细勘察报告；深基坑拟建场地现状地形图、工程用地红线图；拟建建（构）筑物总平面图、平面图、立面图和剖面图；建（构）筑物基础平面布置图、基础大样图及地下室建筑和结构平面图等。

依据的规范、规程、标准等选用设计规范、规程、标准、软件等应适用于本工程，当基坑工程设计规范、标准更新时，应及时更换为现行规范、标准。

基坑周边建（构）筑物：建（构）筑物名称、用途、层数、结构型式、基础形式和尺寸、基础埋深、建设及竣工时间、结构完好情况及使用状况，使用年限；与基坑边缘的直线距离；场地周围环境较复杂时宜配置场地现状照片。

基坑周边管线：地下管线（既有供水、污水、雨水、电缆、煤气、热力、通信、消防等）的重要性、特征、埋置深度、走向、使用状况和渗漏状况；地下构筑物的类型、位置、尺寸、埋深等。

基坑周边水系：距地表水体（河流、池塘、湖泊、渠道边缘）的直线距离，河、湖、塘、渠水的沽水期、平水期、丰水期及历史最高水位，河、湖、塘、渠水与基坑地下水的水力联系等。

基坑周边道路的分布及地下管线与基坑的位置关系。道路的类型、位置、道路结构特征、宽度、道路行驶情况、最大车辆荷载等。

基坑周边地下人防设施或轨道交通设施的埋深、走向、截面尺寸、衬砌材料、使用情况等。

基坑开挖与支护结构使用期内施工材料、施工设备等临时荷载的要求。

（三）工程地质及水文地质条件

（1）工程地质条件：①地形地貌、场地整平标高、±0.00 标高对应的绝对标高；

②勘探布点：应根据《规程》JGJ120-2012 第 3.2.1 条对基坑范围内和外布置勘探点；③深基坑周边及基坑深度 1～2 倍范围内岩土层及其变化情况，包括岩性类别、厚度、岩土力学性质及地下水等；④地层描述：岩土名称、颜色、湿度、状态或密实度、底板标高、底板高程、层厚、夹层情况；基岩的坚硬程度和完整程度等级，有无洞穴、土洞、软弱岩体存在；⑤岩土层的 c、φ 及 γ 值（取标准值）、基坑范围内岩土层边坡坡度允许值；⑥标明基坑支护设计所需的各有关地层物理力学性质参数，如：γ、C_k、$φ_k$、K 等。

（2）水文地质条件：①场地气象概况、雨季时段及其最大降水量；②主要含水层及其与江、湖等地表水体的水力联系；③初见水位、稳定水位埋深及标高、地下水位变化幅度；④各岩土层地下水的渗透系数、综合渗透系数、单位涌水量及影响半径、最大涌水量；⑤场地内地下水的类型，含水层的厚度及顶、底板标高，含水层的富水性、渗透性，场地地下水的补给与排泄条件，各地下水层之间的水力联系；⑥地下水的性质、来源、埋深及变化幅度，及其对基坑支护、基坑开挖、周边环境的影响。

（四）方案设计图纸

（1）图纸目录。

（2）支护结构设计总平面图及方案设计说明。

（3）分段设计剖面图：应表示所剖到断面的标高、排水沟、放坡、管线、止水帷幕、支护构件、支撑构件和离开开挖边线 3 倍于基坑深度范围内的地层、道路、市政管线、建（构）筑物及其基础。

（4）支护（支撑）结构设计图、配筋图。

（5）局部支护结构立面图。

（6）大样图及其重要性说明。

（7）基坑开挖工况剖面图。

（8）降水井及观测井平面布置图，标明井的类型、编号等。

（9）监测点平面布置图，应表示不同测试元件的图例，监测元件预留（埋）平面（竖向）结构图。

（五）方案设计计算书

计算基本内容支护结构的强度、稳定和变形计算；受压、受弯、受剪承载力计算；支护结构嵌固深度计算；构件位移计算；构件截面尺寸、配筋计算；截面承载力计算；支撑体系计算；排水系统措施、降（止）水计算；止水帷幕抗渗透稳定性验算；土方开挖计算等内容。

（1）计算模型：①支护结构内力计算沿基坑周边取单位长度按基坑开挖、回筑内部结构的施工过程进行内力计算；②计算简图与方案设计相符，计算模型符合结构的实际工作状况，输入的荷载（面荷载、线荷载和集中荷载等）计算输入数据应准确、合理。

（2）计算参数：①支护结构设计参数：基坑开挖深度、地下水位深度、放坡角度、地面超载类型及超载值、边坡（基坑）侧壁重要性系数等；②支护结构相关土层名称及其参数值：如土层厚度 h、天然重度 γ、抗剪强度指标标准值 Ck、ϕk、渗透系数 K 等，土压力计算模式、水土合算或水土分算。

（3）计算依据：①按《建筑基坑支护技术规程》JGJ120-2012 有关章节进行计算；②基坑侧壁安全等级为一级时，重要性系数 γo=1.1。

（4）计算方法：①维护体系侧压力计算根据朗肯土压力理论，按土层分布进行分层计算；②基坑整体稳定性验算采用瑞典圆弧条分法；③围护结构计算根据国家有关规程规范，采用理正深基坑设计软件等计算。

（5）计算软件：采用的计算软件应经过有关部门的鉴定，计算书中注明所采用的计算软件名称、代号、版本及编制单位。

（6）验算内容：①稳定性：根据基坑支护形式及其受力特点进行基坑内外土体的整体稳定性计算验算；②对支护结构的强度、稳定、变形及受压、受弯和受剪承载力进行计算；③悬臂桩：应对悬臂桩进行桩嵌固深度计算并符合嵌固稳定性的要求，对桩长、桩径及配筋进行计算；④进行冠梁截面尺寸、配筋计算、截面承载力计算、支撑体系计算；⑤锚杆：应对桩间锚杆长度、锚杆孔直径、拉杆截面面积计算，锚杆抗拉承载力计算，挡土墙整体稳定性验算；⑥土钉墙：应有土钉长度、强度验算，土钉抗拉承载力计算、土钉墙整体稳定性验算；⑦止水帷幕设计以及围护墙的抗渗设计；抗渗透稳定性验算。

计算结果分析对支护结构体系进行整体稳定性分析、局部稳定性分析，对支护结构受压、受弯、受剪承载力计算结果进行评判，对地面沉降及支护结构水平、竖向位移等进行评价分析，对安全等级为一级及对支护结构变形有限定的二级建筑基坑结构，尚应对基坑周边环境及支护结构变形进行验算对基坑支护结构施工、基坑开挖施工方法的可行性分析。

（六）地下水控制

基坑的降水、截水、止水设计①降水设计：根据支护结构设计要求进行地下水位控制设计；②截水设计：包括截水范围、方法、工艺参数及截水效果和检测要求；③止水设计：采用止水帷幕止水，止水帷幕平面图应标明止水帷幕轴线位置、止水帷幕孔间距、工艺参数、设计要求及帷幕墙的渗透系数；④对地下水变化引起的基坑底隆起、渗透管涌、临近建（构）筑物、道路的沉降与倾斜等，进行评价分析。

基坑的截水、排水措施①在基坑顶部采取临时措施拦截地表水，以防下渗或直接流入基坑内；②对地表裂缝，及时采用水泥砂浆封堵，以防地表水下渗；③检查基坑顶部所有污水、雨水、给水管线是否断裂；④基坑底部用污水泵抽水，并做好坑底排水设施，使基坑底部尽量保持干燥。

（七）施工要求

施工技术支护结构施工应满足关键技术、质量、检测与验收要求、进度控制等施工技术要求。

施工流程支护结构施工应交待施工的工艺流程，有多个分项工程时应分别交待其施工流程。

检测在支护结构施工完后，应根据《规程》JGJ120-2012有关章节的要求进行质量检测。

安全防护：因基坑开挖深度较深，为保护施工人员的安全，在基坑坡顶及围护桩顶部位设置钢管护栏；人员密集的市区的基坑采用安全防护措施并挂警示牌，并有专人负责安全，以免误入。

（八）基坑开挖与监测

基坑开挖原则：开挖要求分块、分层、分段，将基坑开挖造成的周围设施的变形控制在允许的范围内；挖土运土机械严禁直接压过支撑杆件，必须跨越支撑时应用走道板架空；地面超载应控制在20 kN/m2以内，距离基坑边50 m范围内禁止堆土；在基坑开挖过程中，施工单位应采取有效措施，确保边坡土及动态土坡的稳定性；深坑开挖必须待普遍开挖深度的垫层形成并达到设计强度要求后，方可进行深坑的开挖；应明确基坑开挖后土方运输路线、运输出入口位置，基坑坡顶应考虑运输车辆的附加荷载作用。

基坑监测：

（1）监测目的：通过对工程基坑开挖施工期间的周边环境监测及基坑支护工程监测，获取工程基坑开挖施工对周围环境的影响信息。

（2）监测要求：通过对支护结构及周边设施等设置变形监测点，采用先进、可靠的仪器及有效的监测方法,对基坑围护体系和周围环境的变形情况进行监测。

（3）监测方案：在平面布置图上标明支护结构及周边环境一定数量的监测点、基准点的位置,明确监测方法和监测频率、变形控制值、报警值、监测周期及精度等级。

（4）监测内容：依据《监测技术规范》GB 50497-2009 的规定,监测管线垂直、水平位移,围护结构垂直、水平、测斜,立柱垂直位移、坡顶土体竖向位移、水平位移,测试支撑内力,坑外地表沉降,周围建（构）筑物、道路位移,围护墙内力的量测,布置坑内外地下水位观测井,监测坑外地下水位的波动情况。

（5）监测报警：根据要求确定各个部位的日变化量(mm)和累计变化量(mm)位移警戒值,若测试值达到上述界限须及时报警,并将报警材料书面呈送建设单位、施工单位、监理单位、设计单位及其它相关单位,及时分析现象发生的原因,提出相应的治理对策及建议。报警值为规范规定报警范围值,现场可根据四周实际情况综合确定,若周边无重要建筑物和管线等时,报警值可适当放宽,否则必须减小预警值。

（九）应急预案

基坑开挖施工时,应通过监测和现场观察,获得准确数据并及时分析处理,严密注视是否有险情发生及险情发展的动向。

当出现边坡失稳或坍塌现象时,应立即疏散周边作业人员,对附近建筑物产生安全威胁时,应采取紧急措施疏散建筑物内人员到安全地带,并立即向建设单位、监理单位等相关部门报告。

待基坑失稳或坍塌现象达相对稳定,不会有人员安全隐患后,立即组织人员采取土包或其它材料反压加固坡脚,以防事态发展,并尽可能在坡顶削坡减载,必要时应回填,保持稳定之后再实施其它工序。

本节总结了深基坑支护结构方案设计的基本内容,归纳了其设计要点,可为城市深基坑开挖深度超过 5 m(含 5 m) 或地下室 2 层以上 (含 2 层),或深度虽未超过 5 m(含 5 m),但地质条件和周围环境及地下管线复杂的深基坑工程支护结构方案设计提供参考。

第五节　深基坑支护结构变形规律

深基坑支护结构设计在我国地下工程中占据着重要的地位,如果深基坑支护结构出现变形,则会对工程的质量产生很大的影响。本节对基坑支护的概念、深基坑变形机理、基坑支护结构变形规律的数学预测原理及方法、基坑时空效应变形规律分析、深基坑的渗透变形以及防控措施做了简要论述,以供参考。

一、基坑支护

在对基坑支护结构进行设计时,应当遵循安全、经济、合理的基本原则。基坑支护结构的设计应当是科学的、符合实际需要的,因此在设计支护结构前应先进行实地考察,勘测施工现场的地质条件和水文条件,观察施工现场周围的环境,综合考虑这些条件对基坑围护体系安全的影响,进行结构稳定性的理论计算与分析,从而确定基坑支护结构类型。建设基坑围护体系一般需要满足两个条件,一是要能够承受土的压力,二是要能够承受水的压力,因此我们将基坑围护体系分为挡土体系和止水体系两种。

随着工程技术的发展,人们对深基坑支护结构的要求越来越高,要满足社会发展需要,就要进行技术创新,使深基坑支护结构真正发挥挡土挡水作用。另外,在施工时需要注意基坑周围的建筑物和设施的质量与安全不能受到影响,基坑在开挖过程中不会发生变形和塌陷等。同时深基坑的支护结构应该是科学的、经济的,对环境没有破坏的。

二、深基坑变形机理

通常我们将深基坑的变形分为三类,第一类是支护结构变形,第二类是坑底隆起,第三类是基坑周围地层移动,第三类是三类变形中最需要注意的问题,应对其进行着重控制。很多工程出现支护结构破坏都是因为其变形严重造成的,另外,有些工程可能支护结构完好无损,但是周围的建筑物受到了一定的损害,这也是由于支护结构变形造成的。因此,应当明确深基坑变形机理。

对基坑进行开挖实际上是对基坑的开挖面进行卸荷,在开挖时坑底的土体会随之向上发生移动,并且围护墙由于其两侧都受到了一定的压力,因此会向水平方向发生移动,在水平方向与竖直方向共同移动的作用下,基坑周围地层发生相应的移动。而引起基坑周围地层移动的因素有很多,最主要的两点是坑底土体隆起以及围护墙的移动。

(一)坑底土体隆起

在开挖基坑时,由于开挖面的荷载变小而使坑底土体的原始应力受到了破坏,从而导致坑底的土体发生隆起。一般只要开挖的深度不是太大,坑底土体隆起方向普遍是向上隆起。如果围护墙的墙底土体清孔良好,则土体发生回弹时围护墙会随之相应升高。通常坑底的重心位置隆起幅度最明显,但是一旦开挖工作停止,坑底就不再继续向上隆起。基坑坑底的隆起与开挖深度呈正相关,深度越大,基坑向上隆起的幅度就越大,并且受基坑内外面高差产生的加载的影响,围护墙外侧的土体会朝着基坑内部移动,使基坑周围形成塑性区域,如果塑性区逐渐扩大,极易引发地面沉降。

Mana(美)于1981年在旧金山的勒威斯特拉斯大楼,按不同开挖深度以理论预测,做出了软粘土基坑随开挖深度的增加基坑周围土体移动矢量场及塑性区分布图。当墙体朝基坑内部移动时,围护墙前面的土体会受到挤压,导致基地出现隆起。

基坑是否稳定,以及未来建筑物发生沉降的概率都取决于基地隆起的幅度,隆起幅度越大,则基坑越不稳定,因此,应当控制基底隆起量。而要控制基底隆起量,就要确保基底是进行加固的,同时还要保证基底土体的残余应力。

（二）围护墙的位移

一般围护墙发生变形主要是因为基坑的外围土体的原始应力受到了破坏。在开挖过程中,随着开挖进度的增加,基坑内部的土体将失去原有土体的压力,而基坑外部的土体又会受到主动土压力,又因为支护结构的搭建发生在开挖之后,因此围护墙必定会出现一定程度的变形。一般墙体的位移最明显的部位是距坑底1m~2m的位置。当围护墙发生移动时,墙体外部的土体会朝着坑内部移动,这样一来导致背后土体的水平应力变小,从而产生塑性区。对于基坑开挖面下部的土体来说,其在向坑内移动时会导致基坑底部土体的水平应力增加,从而在水平方向产生推挤,基底出现隆起,形成塑性区。

三、基坑支护结构变形规律的数学预测原理及方法

通常对基坑支护结构的变形规律进行分析时都会选择数学预测原理进行分析,该原理主要是反推法,即先进行反分析,再进行正分析,根据每一个工况位移信息来确定土体力学模型,依此建立目标函数。然后通过对接近实测值的数据做筛查和优化处理,来进行下一步的公式计算,继而对支护结构变形做相应的预测,在通过检测来实现对支护结构的控制。

四、基坑时空效应变形规律分析

（一）基坑空间分布规律

基坑是存在一定的空间效应的,这是因为基坑在开挖过程中呈现出三维结构,并

且深基坑的支护桩体的位移主要发生在基坑的中部位置,而其余部位的位移则不太明显。通过上述描述可以得到,基坑的空间效应非常明显,并且基坑的长边效应相对于短边来说更加显著;相对于中间位置来说,基坑顶部的空间效应更加明显。

(二)基坑时间分布规律

基坑还具有一定的时间效应,随着开挖深度的增加,支护结构的位移会随之发生相应的变化,位移较大的位置开始向下移动,并且受地下水的影响,支护结构发生移动具有一定的滞后性,这就表明基坑是存在时间效应的,并且该效应明显,因此开挖时间的设计应科学合理,在开挖时还应当设置腰梁。除了这些因素外,还应当综合考虑其他的因素,以明确基坑的实际运行情况,然后有针对性地制定相应的防护措施。

五、深基坑支护结构变形监测实例

以深圳某地铁车站深基坑开挖中支护结构检测为例进行分析。根据位移资料为依据,进行深基坑支护结构变形变化规律分析。

(一)工程概况

本次研究地段是深圳地铁罗湖站,这一地段深基坑约21m深,在地面上有一部分和深圳火车站的皮带廊基坑出现重叠,该基坑的支护结构等级较高。该地段的地层相对较为复杂,从上到下依次是疏松的填土层、淤泥质土层、粉砂层、中粗砂层以及风化砂岩。距离地面约3m的位置是地下水位。构成基坑支护结构的主要包括围护桩和支撑体系,其中围护桩的材质是钢筋混凝土灌注桩,柱子的直径较大,为112m,桩长为3m,而EF段的长度为25m,位于EFGH段,围护桩的桩顶位于原来地面的下方大约6m的位置,在图中对应的是ABCDE段,该部分的长度为19m,并且该部分主要通过三道钢支撑,而EFGH段除了有三道钢支撑外,还有一排锚杆,各个锚杆之间的距离是115m,并且每个锚杆的倾斜度都为30°。而三道钢管的壁不算厚,为16mm。在地面上,每个钢管之间的距离是310m。

(二)支护桩体变形

通过观察分析我们发现,基坑开挖程度越大,支撑桩体的变形就越明显,但是变形均在警戒值范围内。

另外,不同的桩体部位,其变形程度不同,离得桩顶越远,变形越不明显,并且越接近两支撑的中部位置,其变形越明显,而靠近桩底的位置则基本不会出现变形。

影响支护桩变形的因素有很多,其中施工过程中就开挖的尺寸、开挖的时间等多个参数都会影响支护桩的变形程度。一般在开挖刚开始不会出现变形,当开挖时间逐渐加长时,桩体开始逐渐产生变形,并且当基坑开挖到设计标高时,桩体的变形程度是最大的,再继续开挖,桩体的某些部位变形会有一定的恢复。要想使桩体的变形程度尽可能小,就需要施工人员在开挖过程中严格按照要求进行操作。EF25 桩体的最大位移比 DIDI3 的位移要大得多,差值为 1.6mm,出现这种情况的主要原因很可能是 EF25 开挖进行到第二道支撑时,没有采取支撑措施。另外,位移的大小于开挖程度有关,如果开挖强度过大,就会使墙体在未安装支撑时就出现了明显的位移,并且只要发生了位移,该位移就不可能恢复,其引起的地面变形也不会得到改善。

通过观察我们还可以发现,桩体的位移数值可以是正值,也可以是负值,这是因为桩体具有一定的弹性,因此其产生的变形属于弹性变形。另外,变形程度不同还和预应力的大小有着一定的联系。

(三)基坑顶水平位移

根据基坑顶的水平位移检测数据,绘出了水平位移变化较大的基坑东边(EF 段和 GH 段)的位移和沉降时间的变化图,基坑的水平位移与基坑的边长有关系,边长越短,位移越小,相反,边长越长,则位移越大。

越靠近基坑顶的中心位置,位移越明显,离中心位置越远的地方,其位移值越小,这表明基坑顶的端部位置会受到一定的约束作用。另外,众多工程实践都表明,由于深基坑的两端位置具有一定的空间效应,导致两端壁的土压力和位移都不太明显,而中间位置的土压力和位移值均比较大。对于基坑的阳角位置,也就是图中的 G 点部位,其位移相对较大,这表明该部位的受力相对复杂。

在基坑开挖还未到达设计标高之前,基坑的变形是随基坑的开挖进度而逐渐变大的,当达到标高后,基本上就不会再产生巨大的变形。在达到设计标高时,其水平位移约 8m,而最终施工结束时,水平位移约 10m,其值远远小于设计的警戒值。

因此可以得出结论:基坑顶部的水平位移以基坑壁中央最大,端部位移较小;基坑壁越长,其唯一值也越大;在拐弯的阳角处,位移较大。

综上所述,深基坑工程在我国城市建设中发挥着重要的作用,而在深基坑工程中,支护结构又对工程有着重大的影响,如果深基坑支护结构出现严重变形,将给建设工程和人们的生活带来诸多不利影响,因此应加强对深基坑支护变形机理的研究,采取合理的措施使支护设计达到最优的效果,进而推动我国城市的建设。

第六节　深基坑支护的特点及选型

随着我国立体化、多层次的城市化建设进程的推进,土地资源成为最稀缺的资源之一。为了加快城镇化,全面建成小康社会,高密度建筑成为城镇化建设趋势,对深基坑支护提出了更高的要求。本节结合现有成熟的深基坑支护方式的特点和适用条件,提供选取安全、合理、经济的深基坑支护方案的建议。

21世纪以来,我国的城镇化建设速度日趋加快,中心城市集中了最优质的资源和人才,对住宅、商业、办公等建筑提出了更高的要求。中心城市的建筑面积有限,并且建设土地周边往往高楼林立,不得不采用深基坑支护方式来保证高层及超高层建筑的结构安全和施工安全。复杂的建筑环境,对深基坑支护方式和施工提出了更高的要求。由于结构复杂和施工难度高,深基坑支护的造价昂贵。如何根据建筑物周边地质情况和建筑物的结构形式选取最安全、合理、经济的深基坑支护方案,成为项目成功的关键之一。

一、深基坑支护工程的特点

深基坑支护工程是一项系统性的工程,具有较强的个性和综合性,具有以下几个特性:

(一)临时性

一般说来,基坑支护结构是临时性的,安全储备与永久性建筑相比较小些。建设单位在保证安全的前提下,希望能尽可能的降低成本。

(二)复杂性

深基坑施工的场地环境一般较为复杂,毗邻建筑物,施工场地狭窄,还要处理地下水等环境因素。深基坑施工的复杂性,对施工质量提出了更高的要求。

(三)高风险

深基坑支护是以地质勘探资料为设计依据的,地质勘探资料的准确性和全面性至关重要。由于勘探资料及现场施工处置不当引起的基坑事故屡见不鲜。在地勘、设计、施工整个过程中,所有的技术人员要加强风险意识,确保结构安全。

二、深基坑支护结构类型

传统的支护类型主要有:地下连续墙、排桩、钢板桩、钢支撑等四种形式,前三种类型的支护选用较多。改革开放以来,我国的经济飞速发展,城市高楼如雨后春笋般拔地而起,土地资源日趋紧缺,对施工技术提出了更高的要求,对传统的深基坑的支护形式进行改良势在必行。在传统的支护形式中引入锚固技术,大大减少了基坑支护的施工面,增加了基坑支护的安全系数,能满足更高要求更复杂地形的施工需要。喷锚网支护和逆作法作为新兴的支护形式,适用范围更广,施工快速可靠,经济优势更加明显,但对施工技术人员要求更高。

深基坑支护结构主要由围护墙和支撑体系组成。

(一)围护墙结构的分类

围护墙作为抗侧力构件,除了承受侧向土压力、侧向水压力和地面荷载传递的侧向力之外,在高地下水位的施工场地上,围护墙还要有止水的功能。项目施工中,较为常用的深基坑围护墙有以下几种:

1. 地下连续墙

在基坑深度超过 10 m,止水要求高,对周围环境保护要求高的情况,多采用此种支护结构。这种支护结构支护效果好,安全系数高,造价高。在施工中,地下连续墙也可以作为地下室外墙,可大大节省建造成本。另一方面,地下连续墙厚度大,施工机械庞大,施工时泥浆对环境污染大,建造成本高,实际工程中使用较少。

2. 排桩支护

排桩支护有预制混凝土桩、钻孔灌注桩、挖孔灌注桩等常用形式,其中应用最为广泛的是钻孔灌注桩。当基坑深度为 8~14 m,基坑侧壁安全等级为一、二、三级,对周边的环境要求不太严格时,多采用钻孔灌注桩。排桩支护结构不具备挡水功能,在地下水位较高的区域,或者对止水有要求时,多采用钻孔灌注桩和水泥土墙的复合结构,水泥土墙起挡水作用,钻孔灌注桩承受侧向力。

3. 水泥土墙

水泥土墙是利用深层搅拌机现场将土和水泥浆进行搅拌,让其形成多排连续搭接的水泥土桩,加固基坑周边的土体,与天然土形成重力式挡土墙。它是一种重力式围护墙,适用于基坑深度不大于 7 m,基坑侧壁安全等级为二、三级,且有足够的施工距离的软土地基。由于基坑内部不需支撑,便于大型机械快速挖土,水泥土墙是一种较为经济的支护方式,并能起到一定的防渗作用。

4. 土钉墙

早期,土钉墙支护多应用于有一定自立能力并能够提供足够抗拔阻力的较密实的砂土、粉土、素填土、坚硬或硬塑黏性土等,适用于基坑深度在 12 m 以内,基坑侧壁安全等级为二、三级的非软土场地。随着施工技术的进步,土钉墙支护与排桩及预应力锚杆等结合起来,成为复合土钉墙支护结构,它弥补了单一土钉墙支护结构的许多不足,应用更加广泛。复合土钉墙施工周期短,施工成本低,支护安全性更高,应用非常广泛,尤其是应用于江浙沪一带的软土地基区域。

5.逆作法

当深基坑的深度较大时,传统的支护类型及相关的改良方法的支护结构的支撑用量很大,施工难度大,工程造价高,并且还不能保证基坑的变形控制满足规范要求。此种情况下,逆作法的优势就显现出来了。逆作法是在地下基础施工的同时,地上建筑物同时施工,地下各层的梁板作为基坑支护结构的的支撑。逆作法可以利用建筑物的结构构件作为基坑支护结构的支撑体系:①地下连续墙作为地下室外墙;②建筑物地下结构的梁板体系作为基坑支护的内支撑体系;③建筑物的桩基础、柱作为基坑支护的竖向支撑体系。

(二)支撑体系的分类

为了保证围护墙结构的整体稳定性,降低建设成本,深基坑一般会采用支撑。根据支撑体系的作用形式,一般分为内支撑和外拉锚。

内支撑体系一般由冠梁、腰梁、支撑、立柱等组成。桩锚式支护是一种常用的排桩和支撑体系组合的支护结构,支撑体系由内支撑和外拉锚共同组成,是一种综合式的基坑支护形式。它一般由锚索或锚杆作为主要的支撑体系,在锚固段设置冠梁、腰梁,整个支护形式呈网格式,在高边坡和深基坑支护中应用较为广泛。

三、深基坑支护结构选型

基坑支护的各种形式都有不同的适用条件,对地质条件、开挖深度、基坑的安全等级都有不同的要求。不同的基坑支护形式的材料适用、施工过程各不相同,这使得它们在造价和工期上差别很大,对周围建筑物的影响和后续施工方式的影响区别很大。选用适合的深基坑支护类型,需要从地质条件、施工难度、工程造价、施工工期、支护效果等综合考虑。

要合理选择基坑支护的形式,一方面要深刻理解各种支护形式的特点,包括其合理性、经济型、优点及缺点,另一方面要结合地质条件、周边环境、工程造价进行综合考虑。深基坑支护结构的选型,首先考虑的是安全,保证建筑物的结构安全和施工安全,其次是考虑经济因素。当地质条件较好,周边环境要求宽松,基坑深度较浅时,可采用土钉墙支护;当基坑深度较深,周边环境要求较高时可采用悬臂式支护结构或拉锚式支护结构;当基坑深度大,周边环境要求较高且地质条件差时,可采用内支撑体系;当基坑深度更大,地质条件更差,周边要求更严时,可采用逆作法。

另一方面,没有结合基层实际情况,不断创新优化统计调查方法,没有对新时期现代农业生产方式进行全面分析,从而导致统计时效性滞后。对农业统计数据分析和挖掘以及利用共享等方面重视程度不够,导致统计数据成果没有得到及时转化和利用,统计服务指导决策职能发挥不力。

第七节　深基坑支护现场管理重点

我国的土地资源一直以来均处在紧张状态,城市建设当中,土地资源变得更为缺少。当前各种建筑物,主要是向高度更高方向发展,且地下深度一直在拓展,从而使得城市的土地资源占用降低,使得对于土地资源运用率得到提升。建筑愈高,其基础将会愈深,因此不管是向上或者向地下拓展,建筑物基坑的开挖深度为愈来愈深的。为了保障建筑施工的安全,对于基坑支护需要是愈来愈高的,深基坑的支护工作是全部建筑项目中关键的构成成分,所以是难以忽视的,施工的质量优劣和工程的进度以及施工安全多个方面有着直接影响。本节从现场的管理工作入手,对深基坑支护工作现场管理措施进行相关探讨。

岩土工程本身具有很强的复杂性,在施工过程中会遇到很多困难,尤其是深基坑施工问题。虽然我国的岩土工程已经取得了很大的进步和发展,但是仍然与发达国家存在很大差距,因此,相关人员需要提高对岩土工程施工的重视程度。在深基坑的施工过程中,需要提高注意力,不断提高施工技术,从而不断推动深基坑支护施工在我国的发展。

一、基坑支护工作的现场管理

(一)施工准备时期控制要点

(1)将基坑支护的施工措施管控工作做好。对于深基坑的支护施工措施需组织相应专家实施论证,强化监理审核工作,保障施工方案的针对性较强,且控制要点较为具体,有着施工指导的作用。

(2)将管线的交底工作做好。基坑的影响范围以内管线是比较多的,施工之前与管线相应责任单位联系实施现场的交底工作。

(3)将周边建筑的施工影响工作做好。因为基坑是比较深的,周围老旧的建筑物也比较多,一般考虑基坑的施工期间有可能会对于建筑物带来一定作用,为确保项目施工得到顺利实施,对相关争议得到客观、公正的解决,对后续的处理供给科学依照,需选取有经验、有资质的部门对于周边的建筑分阶段展开施工影响的鉴定作业,而且出具相关的影响鉴定书。

（二）施工时期控制要点

深基坑支护工艺为一种比较繁杂的项目,涵盖了很多流程,任意一个环节有问题发生均会造成深基坑支护工作失败,有的还可能会导致比较严重的人员伤亡以及财产损失问题发生。施工部门一定得制定出相关的施工措施,严格依据图纸以及规范等进行施工工作,强化过程把控,保证基坑支护是有效安全的。

（1）止水帷幕的施工把控。止水帷幕在施工工作当中需将下述工作做好:①确保桩体的质量问题。在止水帷幕进行施工工作的时候,首先是采用施工的第一批桩（大于等于3个）,一定得在监理工作人员的监管之下进行施工工作,来确定出现实浆液的水灰比、水泥的投放量、垂直度的控制措施、搅拌下沉与提升速度、浆液的泵送时间还有桩长等,来确定得到三轴深搅桩常规施工把控标准;然后,依照设计需要,三轴深搅桩进到中风化的粉砂质泥岩中大于等于0.5m,在施工工作当中,勘察部门与桩基部门全程配合将判岩作业做好,保证三轴深搅桩长能够达至设计的深度;除此之外,在止水帷幕的施工工作当中,监理人员需仔细将旁站等工作做好,保证桩体的质量。②在施工当中需将拌制浆液质量把控做好,进行施工的时候前后台需进行紧密配合,严禁发生断浆现象,对于因故搁置大于2h拌制浆液,当作废浆进行处理,禁止再用。

（2）基坑监测运用。基坑的深度是比较深的,且周边环境较为繁杂,为确保工程安全生产,监测工作是极其关键的。①需委托有着相应资质且经备案监测部门实施相应监测工作。②在监测之前需对于监测工作的方案实施专家备案以及论证,保证支护工作在完成后及时实施监测,从而确保对于支护工作于施工进程当中作用和是不是需要调整方案做到实时了解。

三、基础工程深基坑支护施工概述

（一）深基坑支护施工的基本要求

深基坑支护施工是一项较为复杂的系统工程,具体操作程序包括挖土、挡土、围护等环节,其中任意环节有误都会影响整个工程,甚至会导致安全事故。施工单位要严格按照设计规范组织施工,对每个施工环节都要制定具体的施工方案,并加强控制力度。对特殊地质基层施工时,要精心设计方案,细心实施计划,具体包括以下方面：①设计方案应与工程实际情况相符；②应解决地下水的问题；③在土方开挖过程中，应逐层开挖，不能直接深挖，以保证施工过程中土体的稳定性。

（二）深基坑支护施工中的问题

深基坑支护施工技术有很多特点：①基坑开挖深度大、开挖工作量大，基坑周边条件较为复杂；②基坑内地质条件复杂，工程开挖区域淤泥层较厚，淤泥稳定性差，施工难度大；③施工难度大，地质条件复杂，施工过程可能遇到孤石、流沙、承压水等问题，施工难度较大。

四、深基坑支护施工现场技术管理

（一）施工准备

施工前期应充分做好各项准备工作，作业之前，应做好人员、设备、物资、技术的统筹协调，检查施工现场的各个要素，做好技术方案，重视技术交底，细化技术实施流程，科学勘测支护施工的现场。具体而言：勘测深基坑施工现场的地质环境，综合考虑基坑工程地质条件。做好施工区域管线、管道以及其他地下设施的避让，确保施工安全。对照支护方案，观察图纸与现场是否有所差异，如果存在差异，及时与设计方进行沟通，确保支护质量达标。确保物资材料充足、设备试验完好、人员培训上岗。

（二）排桩支护技术的应用

在深基坑支护施工技术的应用过程中，排桩支护技术较为常见，指用钻孔灌注桩等作为基坑侧壁围护，顶部锚筋锚入压顶梁，结合水平支撑体系，实现保证基坑稳定的目的。该技术在深基坑支护过程中有较大的灵活性，能够在较大程度上提高基坑岩土的稳定性，并且此基础还能通过调整桩体密度增加维护结构的强度，从而提高基坑支护效果。

（三）深基坑支护施工的主要流程

深基坑支护施工需要按照一定的程序进行，施工人员应先进行支撑系统外部土方的开挖和搬运工作，然后进行基坑内部施工。根据基坑支护结构的特点，需要将土方开挖分成 6 个阶段进行。每层土方开挖的原则为先进行栈桥位置的土方开挖和外运，接着根据每层土方的开挖工程量和工期配备一定数量的挖机和自卸车。基坑支护系统施工是第一个阶段，在第一阶段的施工过程中，应将止水帷幕施工放在首要位置，完成后，开展围护灌注桩施工，在该工作过程中，需要对立柱桩进行安装施工，其中包括钢格构式等多种样式，具体应根据实际情况进行选择。然后是第二阶段的施工工作，包括土方开挖、内支撑施工和养护工作。由于其复杂性较强，在该阶段施工过程中需要施工人员展开密切配合，主要是将支撑施工和土方开挖密切结合，共同施工，并且还需要遵守相关施工原则，分段开挖的每段长度都不应超过20m，基坑开挖需要遵循的原则包括坚持分层开挖和禁止超挖，还需要坚持从上到下的顺序，开挖后应及时支护。

深基坑支护工作对于建筑项目质量有着关键作用。在一方面来说，基坑施工进程处在持续变化的进程，对于施工情况跟进与监测信息整理收集需各单位互相协调，来确保建筑项目的安全以及进度等方面。在另外一个方面来说，在施工之前应当制定出细致施工措施，不过不可以墨守原有方法，在确保没有对整体的施工造成影响前提之下，必须得依照现实施工情况来对于方案实时适度的优化。

第六章　基坑工程的水文地质勘探研究

第一节　基坑工程环境水文地质分析与评价

随着城市化进程的不断推进,越来越多的高层、超高层建筑拔地而起。日益加大的开挖深度和复杂的施工条件以及众多的工程事故使得人们不得不重视基坑问题。近年来,基坑工程呈现出开挖越来越深、工程地质条件和周围环境越来越复杂的趋势,同时由于基坑围护结构属临时性工程,人们不愿注入过多资金,更使得事故经常发生,对环境产生的负面影响也比较严重。

一、基坑工程的环境效应

(一)地下水位下降引起的地质环境效应

基坑开挖对地下水的处理有两条途径,包括基坑降水和基坑止水。为保证施工作业面的需要,对基坑直接进行坑内降水或坑外降水,或设置止水帷幕,隔断坑外地下水,形成水头差,锚杆施工可能发生漏水漏砂,均可发生水位下降。降低地下水引起的环境效应表现形式为:地面沉降、基坑坍塌、基土开裂。

(二)支护结构变形和位移引起的地质环境效应

支护结构的变形主要表现为水平和竖向变形,当基坑开挖较浅时,支护结构主要为水平变位,随着开挖深度的增加,土压力增大,支护结构变位逐渐回复,地表变形范围增大,最大变位量也增大,基坑深度再加深时,基坑应力释放量增大,往往会造成地下支护墙体向上变位,支护桩体的入土深度减少。支护结构发生变形和位移引起的环境效应表现形式为:基坑失稳、基坑隆起和邻近建筑设施破坏[包世泰.基于GIS的地质勘察信息模型研究及其应用[D].中国科学院研究生院(广州地球化学研究所),2004.]。

(三)支护结构施工引起的地质环境效应

支护结构施工的过程,一方面是对基坑采取安全防护的过程,另一方面是对基坑侧壁和地质环境进行破坏的过程。支护结构施工引起的环境效应主要表现为:挤土效应、振动效应、环境化学效应。

（四）邻近建筑设施破坏

基坑开挖卸载，基底隆起，支护结构变形，基坑周围产生较大的塑性区，引起地面沉降；基底暴露时间过长，或基坑积水，使黏性土吸水体积增大，抗剪强度降低，回弹变形增大，由于黏性土的流变性，将增大被动压力区的土体位移和坑外土体向坑内的位移，引起支护结构位移，从而增加地表沉降；支护结构嵌入深度不足，引起基坑隆起，使地基土强度降低或丧失，支护结构位移，地面沉降开裂；基坑流沙和管涌在基坑外侧形成空洞，地面沉陷坍塌。地面沉降、开裂和坍塌导致基坑周边建筑物、管线和道路等设施的变形、位移或破坏。

二、基坑工程环境水文地质分析与评价

现阶段，我国的基坑环境水文地质分析与评价工作的内容，由于受到社会科学技术水平的制约，主要是运用钻探、静探等技术来进行对水文地质的研究与勘察，并且利用室内试验和抽水试验等方法对地下水的流向、流速等方面的因素来进行测定。这些方法虽然已经得到了一定程度的发展，但是还是存在一定的缺陷有待解决。

（一）对地下水的类型进行评定

对施工现场地下水的类型进行判定，是对地下水进行分析控制的前提条件，只有了解是何种类型的地下水，才能保证分析和评价的准确性，进而制定出科学合理的控制措施。对基坑工程施工现场的水文地质进行分析与评价的目的是具有特殊性的，这是由于基坑工程自身的特点所决定的，对含水层的划分也与其他的工程具有不同的标准。对于基坑工程来说，粉土层与砂层中的地下水是没有区别额定的，都要作为含水层来对待。另外，对于灰色黏质粉土夹粉质黏土层也作为含水层或者是承压含水层来考虑。

（二）对地下水水文地质参数的测定

在整个基坑工程中，水文地质参数的测定是极其重要的，它不仅是岩土体中孔隙的性状和盈利状态的象征，同时还是对地下水渗流进行研究的重要标志。对水文参数的测定准确与否，将会直接影响对基坑工程环境水文地质的分析与评价，进而影响对地下水进行设计控制的合理性，是保证基坑工程的质量和稳定性的重要评定指标。

（三）多层含水层间水力的联系

基坑工程在对含水层进行分类和评定之后，就要对多层含水层间水力进行分析，因为多层含水层间的水力是影响基坑工程现场日后产生环境变迁和岩层运动的最直接因素，基坑工程质量和稳定性也更多地取决于多层含水层间水力的状况。因此，在对基坑工程环境水文地质进行分析与评价时，应该高度重视对多层含水层间水力联系的研究与分析，这不仅是保证基坑工程制定出最佳的控制措施的有效途径，也是保证整个工程能够具有高质量和高稳定性的重要基础。

第二节　岩土工程中的基坑勘探技术

本节以某工程项目为实例，对岩土勘察任务、勘察方法、勘探点布置与勘探孔深度及地质、水文情况分析等内容进行了分析，着重探讨了基坑工程岩土勘察技术。

在基坑工程建设时，岩土工程勘察结果是基坑工程设计和施工的重要参考依据，也有利于避免基坑工程发生坍塌等安全事故。本节首先对基坑工程勘察的主要技术问题进行了分析，然后对基坑勘察方式进行了探究。

一、基坑工程岩土工程勘察目的

①对工程范围内的岩土特性以及空间分布规律进行勘察和分析，包括天然地基岩土、桩基压缩层深度范围内岩土、基坑岩土等等。②通过勘察工作，明确基坑工程各个土层的物理特性以及岩土承载力。③为基坑工程提供基础沉降计算所需参考数据。④通过勘察，得出基坑工程地质情况，结合拟建工程特性，合理确定基础形式、桩型、持力层等，然后再对单桩竖向承载力进行计算，合理估算桩基的沉降量，并对其对周边环境的影响进行分析和评价。⑤通过工程勘察，查明拟建工程的地下障碍物或者其他不良地质环境。⑥对地下水特征进行勘察，根据调查结果合理预估其对混凝土的腐蚀作用。⑦对基坑稳定性进行调查分析，通过研究基坑围护所需指标，合理预估在工程建设中是否可能发生管涌、突水等问题，结合实际情况确定具体的基坑开挖方案以及围护设计方案。

二、基坑工程岩土工程勘察技术

（一）勘察方法

目前，在基坑工程勘察中，常用的勘察方法有以下几种：地质调查、钻探取样、水土试验、原位测试等等。在基坑工程实际勘察中，必须结合工程实际情况选择具体的勘察方法,需要时还可以将各种勘察方法相结合。除此以外,还需要对基坑工程勘察量进行合理布置,这样才能保证基坑工程勘察工作的顺利进行,并且获得较为全面的勘察资料。

（二）勘探孔设置

基坑安全等级有一级、二级和三级,根据相关规定,针对一级和二级基坑,勘探孔的孔间距应该在 20～35 m 之间;而对于三级基坑,勘探孔的孔间距应该在 30～50 m 之间。如果基坑勘探孔揭露土层的变化比较明显,并且已经在一定程度上对基坑围护设计以及基坑施工方案造成影响,则应该对勘探孔进行适当的加密处理,并且将孔间距控制在 10 m 以上。通常情况下,地基工程勘探孔的深度应该控制在基坑开挖深度的 2.5 倍以上。

（三）原位测试

通过原位测试所得结果是对基坑工程勘察结果进行合理分析的重要前提。如果原位测试结果的准确性较低,则很难对勘察结果进行准确分析。与此同时,为了确保数据核算的准确性,必须科学确定数据的计算模式,并严格计算相关参数。基坑工程原位测试的复杂程度较高、技术难度较大,另外,在取样和样品制备过程中,不可避免的会有很多因素会对环境产生干扰,而这就会对测试结果的准确性造成不良影响。除此以外,岩土并不是均质体,因此样品的选择也会对测试结果产生影响。

（四）抽水试验

在很多基坑工程勘察中,往往只重视对地质条件的勘察,对于水文地质勘察却不够重视,在岩土工程勘察报告中,地质勘察数据十分详细,但是却缺乏明确的地下水文勘察数据,或者数据记录不科学。基坑工程设计不仅需要地质勘察数据,而且还需要准确的水文勘察数据,因此如果没有对地下水进行抽水试验,就会导致基坑工程设计缺乏参考依据,而在施工过程中,就不能采取有效措施降低承压水,最终导致基坑工程受到地下水的干扰,为建筑工程带来安全隐患。由此可见,抽水检测至关重要。

抽水试验指的是对基坑工程的地下水进行抽样检测,通过试验结果,能够明确基坑工程范围内地下水的实际情况。通常情况下,在抽水试验中,首先需要根据基坑大小布置 1～2 个试验小组,每个试验小组都包括抽水孔和观测孔。具体的试验步骤如下所示:①在抽水前,对静水位进行观察,并做好详细记录;②对动水位以及出水量进行观测,开始抽水试验,并且每隔一段时间就对水位的变化情况进行仔细观察,直至水位达到稳定状态;③抽水试验结束后,还需要对水位进行观察,直至水位达到稳定状态;④对抽水试验所得数据进行整理和分析,对抽水前、抽水中和抽水后的基坑工程地下水变化情况进行研究分析,根据分析结果绘制图表,并以此为依据及时发现地下水的异常变化情况,使得地下水勘察技术人员能够明确基坑工程地下水文资料,为工程设计和施工提供参考依据。

(五)施工监测

为了保证基坑工程、支护结构和主体结构的稳定性,还应该综合考虑基坑工程地质勘察、水文勘察结果以及基坑工程周围环境,对基坑工程施工进行监测。具体的施工监测内容有以下几点:基坑施工 15.0 m 范围内的地下管线和水平位移、基坑工程周边土体、地下水位和水压等等。

三、基坑工程岩土工程施工要点

(一)合理选择基坑工程桩基持力层

施工人员应该结合以往的施工经验,在桩基持力层方面,尽量选择稳定性强、土体物理性质较好的土层,包括硬土层、砂性土层等等,这样才能有效提高桩基承载力。

(二)合理确定基坑工程的桩型

在实际施工过程中,应该结合拟建工程的实际情况,合理选择基坑工程桩型,具体要求如下:①确保符合布桩对于桩基承载力以及桩基位移的控制要求;②结合实际情况,预估预制桩沉桩可行性,确保钻孔灌注桩能够充分发挥自身强度;③结合工程实际需要,坚持降低施工成本原则,合理选择桩身截面。

(三)优化基坑支护方案

通常情况下,在不同的基坑支护阶段,可以将基坑支护分为三个方面,分别为优化信息化施工、优化细节以及优化支护类型。在具体的优化过程中,应该综合考虑基坑支护目标以及支护的类型确定具体的优化方案。基坑支护的优化过程总共有 3 个步骤,分别是合理选择基坑的支护类型、对基坑支护细部进行优化以及对基坑工程施工进行信息化优化。

(四)优化基坑工程设计理念和质量管理

基坑工程岩土工程施工行政管理部门应该建立健全完善的管理机构,对基坑工程的设计方案进行严格审核。基坑设计工作人员必须不断提升职业素质和专业技术,并且加强基坑工程理论研究。另外,基坑工程能够技术人员还应该结合工程实际情况,积极转变传统的设计方法,建立健全信息反馈体系。

对于基坑工程,不仅需要对其地质条件进行勘察,而且还需要对水文地质条件进行勘察,避免地下水对工程建设产生的不良影响,保障基坑工程建设的顺利实施,提高工程质量。

第三节　深基坑的支护与岩土勘探技术

深基坑支护以及岩土的勘察工作是建筑施工的重要环节,本节从深基坑支护与岩土勘察技术的必要性出发,就具体的工程案例,分析了工程建设中深基坑的支护以及岩石勘察中存在的问题,总结了一些工程建设中深基坑支护技术和岩石勘察技术的实施策略,希望能够对施工企业提供一定的借鉴。

近些年,建筑业不断发展,楼层不断提升,对于高层建筑的施工建设而言,首要的是确保基坑具备较强的承载力,从而保证整个高层建筑的安全性和稳定性。基于此,必须重视深基坑的支护与岩石勘察技术研究。

一、深基坑支护以及岩土勘探的特性及必要性

(一)深基坑支护以及岩土勘探的特性分析

1.需要全面了解岩土工程条件

对于深基坑支护的实施操作来说,岩土工程条件是比较核心的一个方面,其能够直接影响到工程施工效果。因此,相关人员针对岩土工程相关地质条件和水文条件进行充分的关注,详细全面的了解这些岩土工程条件是极为必要的,尤其是对于设计工作以及施工方案的选择来说,具备着极强的价值和意义。

2.对于施工环境要求较高

对于深基坑支护实施操作来说,其对于外界环境的要求还是比较高的,这种高要求主要就是应该力求其环境条件符合相应的施工要求,这种施工要求主要就是对于外界环境中的相关地质条件而言的,尤其是对于水文地质结构来说,这种影响还是比较突出的。基于此,针对施工现场环境进行全面详细的分析也就显得极为关键,这种施工现场环境的分析主要就是指依靠地质勘察技术手段来对深基坑支护施工中需要关注的一些要点指标进行严格的分析和详细的勘察,进而也就能够确定其是否能够进行相应的深基坑支护施工建设,会不会在后续的施工中造成一定的麻烦。

3. 有利于开展勘察工作

对于这种深基坑勘察工作来说，要想提升其最终的深基坑勘察效果，必须要事先进行相应的布置，只有保障勘察工作的布置得到较好的控制，才能够提升其最终的实施效果，这一点对于深基坑勘察工作来说是极为关键的。具体到勘察工作的布置中来说，其相对应的布置工作还必须要重点结合不同的勘察方式来进行相应的思考，不同勘察技术对于施工条件的要求是不一样的，其相对应的也就需要进行事前分析，做好布置工作。

（二）深基坑支护工程中勘察工作必要性分析

在岩土工程中，对于深基坑的施工，开挖是首要环节，但如果盲目开挖就会破坏原有的岩层，所以，在施工时要保证先进行勘察，利用勘察得到的结果再进行下一步施工，并做好支护，以达到预期安全目标。在深基坑施工中，影响因素有很多，由此可见必须对施工中的一些问题进行研究，并加以防范。这些问题包括，对于地质环境是否进行了必要的勘察；在基坑支护方案的选择中是否合理；对于地下水的处理是否有合理的预备方案；深基坑支护的质量是否能得以保证。从上文中可以看出，要想对深基坑进行施工，地质勘探是非常必要的工作，并且在勘探过程中，要保证数据的准确，该数据要为之后的施工提供必要的信息，并且指导各种方案的设计。总而言之，在深基坑支护工程中，对于岩土的勘察是关键工作，不可忽略。

二、工程建设过程中深基坑支护以及岩土勘察技术存在的问题

（一）工程建筑过程中深基坑支护存在的问题

在工程建筑的深基坑支护技术中，所牵涉的范围面非常广，当前随着建筑工程中基坑深度的愈来愈深，深基坑支护施工存在以下方面的问题和缺陷：首先是深基坑支护施工的实际操作同实际施工设计存在较大的区别。譬如深基坑施工中深层搅拌桩的水泥渗量很难符合预期施工设计的目标。如果水泥渗量太少的话，会使得水泥土的支护强度减少，引发一系列的安全隐患。还有就是深基坑施工过程中出现大量的偷工减料的问题，为了降低深基坑支护变形情况的发生概率，因此深基坑工程设计过程中对于挖土程序有非常苛刻的标准，然而在实践的施工过程中，一些施工企业为了缩短工期，谋取更大的经济效益，往往没有按照施工设计图纸的要求进行开挖，结果给之后深基坑支护变形现象埋下隐患；其次边坡修理没有符合相关的标准，基坑周边土坡修理工作的质量在一定程度上制约了基坑支护施工的整体质量。假如没有充分地做好边坡的修理工作，那么在实际开挖过程中，基坑的深度就很难实现

科学准确的测量,这样不断会直接影响工程施工的整体质量,同时也会延长工程的工期;最后在施工过程中注浆没有做到位,土钉无法实现满足预期设计的标准,一般情况下深基坑支护使用的土钉以及锚杆的钻孔直径都维持在 100 ~ 150cm 的范围,而钻孔的孔深范围也维持在 5 ~ 25m 范围内。因为钻孔所经过的土层质量存在一定的差异性,所以必须要严格的分析土质的特点,防止因为残渣堆积影响之后的注浆程序。

(二)工程建设中岩石勘察技术存在的主要问题

通常情况下,岩石勘察技术主要出现以下方面的问题和缺陷:首先岩石勘察机制的综合运用效果不显著,岩石勘察以及设计内容非常多样化,涵盖了地形地貌,施工现场周边的环境,信息的搜集,归纳等等相关内容。另外由于岩石勘察人员对于全新的勘察技术没有进行充分的了解,实践能力不足,使得岩石勘察机制的使用效果不显著;其次岩石勘察中信息技术以及专业软件的使用不充分,这大致表现在软件功能简单化,很难实现岩石勘察搜集数据的科学化整理和分析;最后岩石勘察中确定的看勘察点位置不科学,更改建设工程的勘察方案,就很难对建设工程施工地点的实际情况有充分的认识,这些都会对岩石的基本性质,鉴定存在较大的问题,影响相关的科学研究和实践操作。

三、工程建设中深基坑的支护与岩土勘察技术要点

(一)岩土勘察技术要点

1. 地质测绘

地质测绘是岩土工程地质勘察工作中常用的勘察方法,其本质是应用地质工程地质相关理论,对地面的地质现象进行观察和描述,分析其性质和规律,推断地下地质情况,为勘探测试工作提供依据。在地形地貌和地质条件较复杂的场地,必须进行工程地质测绘,但对地形平坦、地质条件简单的狭小场地,则可采用调查代替工程地质测绘。工程地质测绘是认识场地工程地质条件最经济、最有效的方法,高质量的测绘工作能准确地推断地下地质情况,起到有效地指导其他勘察方法的作用。

2. 勘探工程

勘探工程师岩土工程勘察的必要部分,为了解施工现场的地质情况,可采用勘探技术进行取样,进而实施原位测试和监测。应根据勘察目的及岩土的特性选择勘探方法,勘探工作有物探、钻探和坑探等方法。物探是一种间接的勘探手段,它的优点是较为简便、经济而迅速,能够及时解决工程地质测绘中难于推断而又急待了解的

地下地质情况，所以常常与测绘工作配合使用。物探又可作为钻探和坑探的先行或辅助手段，但是物探成果往往具多解性，使用时往往受地形条件等的限制，需要用勘探工程来验证。钻探和坑探也称勘探工程，均是直接勘探手段，能可靠地了解地下地质情况，在岩土工程勘察中是必不可少的。

3. 室内测试

在岩土工程勘察中，室内测试具有众多优点，如试验条件容易控制、可大量取样等。但也存在一些缺点，如试样及尺寸小不能反映客观结构和非均质性对岩土性质的影响、代表性差；试样不可能保持原状，而且有些岩石也很难取得原状试样；实际测试中还存在不按操作规程要求进行试验操作等问题。例如，对要求饱和的土试样，未按规范要求达到饱和时间进行测试；固结试验的压力值达不到上覆自重应力与附加应力之和的要求等，导致出现很多与现场矛盾的数据。因此，室内试验时应及时将送达的土样进行开样测试，严格按照操作规程要求进行试验操作。

（二）深基坑支护设计与施工

现阶段我国建筑工程深基坑支护方法多种多样。深基坑支护可分为悬臂式支护、混合式支护、重力式挡土结构。支挡型支护结包括桩排支挡结构、土钉支护结构以及地下连续墙等，加固型支护结构有水泥搅拌加固结构等。具体深基坑建筑工程，通过地质勘察工作，并结合建筑特点，选择最为合适的支护方式，以提高工程的安全性和稳定性。

以土钉墙支护设计与施工为例，在建筑工程基坑施工中，土钉墙支护是一种常见的支护结构。该支护结构是一种原位土体加固技术，它是将土钉打入基坑边坡土体内，将土体加固成稳固的土体结构。土钉是打入现场原位土体中的细长杆件，土钉相互之间的距离较短，通常一段原位土体里，土钉排列比较密集。在土钉外部喷射水泥砂浆，继而形成一个天然的土钉墙，使土钉墙和原位土体结合地更加紧密，形同一体。这种方法大大保证了基坑边坡稳定性和安全性，有助于提高基坑工程的整体施工质量。土钉墙支护技术一般适用于下水位以上或者经过排水措施后的素填土、普通黏性土、黏性的沙土和粉土等比较均匀的土体边坡，不适用于含水丰富的粉细砂层、砂砾卵石层和淤泥土层，不应该用于有临时自稳能力的淤泥和饱和软弱土层等。其施工技术如下：

1. 测量放样

土钉墙基坑支护的工程测量已经和建筑工程的施工现场同时勘察进行，根据建筑基础开挖的深度、施工现场的地质条件和环境条件确定是否使用土钉墙基坑支护结构技术。

2. 基坑开挖

土体开挖之前要做好分层挖开的施工方案工作。如果基坑过深，应分层次的进行多次开挖。另外，应该在基坑施工工程的四周挖一条积水沟和与之相应的排水坑，每一层开挖都应该做到将积水沟和排水坑相连，并且将积水沟和排水坑用砖砌和砂浆抹面以防止渗漏，同时可将工程积水抽出基坑工程以外，减少大雨天气对基坑工程的不良影响。

3. 打土钉孔

按照基坑施工的图纸，确定土钉墙的位置，要采用专用的钻孔机械成孔，严禁使用水钻，以防周边土质松化，成孔后及时安设土钉防止坍塌。土钉钢筋制作应该按照设计要求提前做好，使用之前应该对土钉钢筋进行调直并且去锈除污。在钉孔过程中，要确保土钉被安插在图纸所示的位置上，确保工程的精确性。注浆在该在孔口外设置止浆塞兵旋紧，使其与孔壁紧密贴合。由止浆塞上将注浆管插入注浆口，深入至孔底 0.5～1.0m 处。注浆管连接注浆泵，边注浆变向孔后方向拔出，直至注浆完成为止。为保证水泥砂浆的水灰比在 0.4～0.5 范围内，注浆压力保持在 0.4～0.6MPa，当压力不足时，从补压管口补充压力。注浆之前应该将孔内残留或者松动的杂土清除干净，注浆开始或者中途停止超过 30min 时，应该用水或者稀水泥浆润滑注浆水泵及输送管，抽出注浆管时，应该尽量使用匀速抽出，防止水泥浆脱节造成的浆液不够饱满。

4. 土钉墙支护结构的监测

在土钉支护施工完成后，为防止其产生变形、沉陷等问题，应对其进行监测。选择的监测地点，每个点之间的距离应该小于 20m，支护工程的每边监测点应该大于 3 个。采用一起监测和人为主动的巡查监测相结合的监测方法，确保能观察到监测对象的实际状态和变化趋势，在重点监测部位，监测点可以适当地布置多一点。

四、深基坑支护中岩土勘察技术的结合

在工程建设中，深基坑支护技术与岩土工程勘察技术是必不可少的部分，在实际工程施工中，应注意将两者结合起来，以提高工程的安全性和稳定性，具体注意要点如下：①深基坑支护设计以岩土工程勘察为基础，而岩土工程勘察也受到深基坑支护的影响，两者是密不可分的，就在工程建设中将两者结合起来，可节约资源、降低风险。②随着技术的进步，岩土工程勘察技术也不断得到更新发展，且将信息技术、计算机技术等融入其中，实现了岩土工程勘察数据与深基坑支护设计数据的共享和

交互,因此,在支护设计中,应加强对先进勘察技术的应用,以提高设计的科学性和合理性。③在深基坑支护设计过程中,应根据工程特点选择合理的勘察方法,必要时,可根据工程特征对勘察技术做一些更改,使其更具有适应性,例如:在工程建设中,为了提高工程的经济效益往往采用静态探测的勘察方法对岩层进行检测,但这一方法在土质松软的地质结构中比较适用,而在其他地质结构中则不能很好地反映岩层本质,因此,要求结合工程特点来选择是否使用静态勘察技术,而不能因为经济利益,忽略勘察数据的准确性。

综上所述,在工程建设中,深基坑支护设计以及岩土勘察技术发挥着十分重要的作用。在实际工程施工中,应将两者应结合起来,充分发挥岩土工程勘察的作用,为深基坑支护设计提供重要的基础,以提高工程的稳定性和安全性。今后,也应加强对这两者的研究,以不断促进技术的进步[黄岑丽.潞安矿区煤炭开采对地质环境影响的研究[D].中国矿业大学(北京),2013.]。

第四节　复杂地质条件下的深基坑降水技术

随着我们的祖国不断强盛,人们更加富强,在很多的复杂地质情况之下都进行了很多的建筑,在这样的情况之下,需要非常完善的建筑施工技术。在本节之中将会对于复杂地质条件下的深基坑降水技术进行全面的分析,希望能够给予大家一些简单的思考。

近些年里,我国的城市化步伐不断加快,城市密集的现象也越来越突出。这固然有利于经济的发展和缓解日益严重的人口问题,但是也加重了城市中人口与资源的压力,在这种压力下,城市中建筑不断涌现,建筑的高度越高,为了提高整体建筑的稳定性,其地基必然越深。而这便对地基工程提出了较高要求。

一、深基坑降水技术的含义与特点

在我国的地质条件复杂多变的情况之下,对建筑技术的要求也在不断加深,深基坑降水技术作为地基施工中的一项重要技术,其在整体建筑施工中所起的作用是不言而喻的。作为地基施工中广泛应用的深基坑降水技术,则是后期工程和建筑稳定性的保障。一旦这项技术出现了问题,造成的不仅仅是工程的失败和高额的经济损失,最为严重的是很有可能会出现人身事故。一般而言,深基坑降水技术是一项为了使地下结构施工能够顺利地进行,不延误工期,并且在一定程度上保证深基坑周围环境的安全,避免因地基不稳而发生坍塌事故,采用管井或者是多种井点的降水方案,为了使这项技术更为有效,一般还会对周边环境实施加固与保障的措施。

二、深基坑降水技术的基本要求

（1）深基坑降水技术应在整体上采用先进的技术条件，符合当今的时代要求，并且采用较为简单的结构，最大限度上降低工程的成本，达到较为良好的经济效益，取得预期的工程成果。而且，深基坑降水技术应符合力学的条件和要求，实现受力的基本稳定和可靠，并在此条件下实现进一步的加强效果，这项技术的制定还应在理论上具有可行的意义，真正做到整个深基坑降水体系能够大体上实现一定的挡土，支撑和保护的作用，确保整个基坑四周能够获得一定的稳定性，并与建筑工程标准相符。

（2）保障基坑四周各种建筑物的安全，以及各种地下线路不受破坏。在地基工程施工期间，应对施工的土体进行合理的支撑，避免因土体的松动而使周围的建筑以及道路得到破坏，给人员的流动带来不便。

（3）深基坑降水技术应建立在不影响地下水位的标准上进行，在施工期间，施工人员应采取各种措施，例如排水等措施，使工程在地下水位以上运行，这样做的目的是使整个深基坑降水技术能够符合科学发展观的要求，实现人与自然共同发展，不能因为经济的发展而不顾环境的影响，而给环境造成巨大破坏。

（4）整个工程的运行应确保在经济上合理，最大程度上缩短工期，同时在保证工期的条件下，保障工程的质量，取得预期的经济效益并保证施工安全。

三、当今深基坑降水技术存在的主要问题

由于当今的深基坑降水技术应用的较为普遍，施工人员虽然在极力避免这项技术在施工中所带来的环境以及其他一些问题。但是，还是会出现一些人力所无法避免的问题。不仅如此，由于深基坑降水技术在我国的发展还不是很完善，起步较晚，无论是在理论上还是在实践上都存在着不小的问题：

（1）施工的质量问题，在我国，总有许多的施工单位为了个人牟利，而偷工减料，不管不顾工程的建筑，或者采取基坑一次性开挖到底的方式，而这样做的后果往往就是导致地下水渗漏，或者基坑破裂，造成严重的工程事故。必要时还会导致返工。给社会带来严重的负面影响。更多的是，许多的施工单位缺乏在深基坑降水技术方面的人才而对整体施工带来不小的难度。

（2）基坑的设计问题，根据前面所述，由于基坑的深度不断加大，施工难度随之加强，在施工的前期计算中，经常会由于计算人员的失误而使降水结构中的力学方面参数与理论不符，这就会给后期的施工带来不小的影响。为了避免此类问题，就需要施工人员对施工参数进行仔细的运算，必要时可以使用电脑辅助计算来加强精度。

（3）基坑检测问题，目前，国内许多施工单位和建设单位对基坑的检测性认识不足，认为只要建造好了就行，是否检测是没有多大意义的，这种认识是完全错误的。监测单位理应配备工程监测资质高的人员对基坑的质量进行严格的监测。尽量做到使监测工作到位，及时发现有关质量问题，做到早发现，早处理，避免施工后期出现重大的质量和安全事故。

（4）基坑勘察问题，同基坑监测一样，对基坑进行勘察也是施工中不可缺少的一个重大环节。然而，目前的基坑勘察也存在着诸多问题，其中最为主要的就是，勘察的工程在许多时候不能满足工程的标准和设计要求，取得的土样难以反映当地的土质情况［尚慧．宁夏矿山地质环境评价与动态监测分析［D］．长安大学，2013．］。

四、对深基坑降水技术在地基施工中的应用提出的建议

针对目前深基坑降水技术在地基施工中存在的种种问题，笔者特此提出以下几点建议来提高工程质量：

（一）加强对地表水的控制

加强对地表水的控制是保证施工能够高效合理运行的必要手段之一，施工人员在进行对深基坑降水技术的设计方案时，应事先对周围的环境进行勘测，以免破坏地下管道给施工带来不必要的麻烦。其次，为了避免地表水渗入到坑壁主体中，施工人员应利用混凝土对坑壁进行加固加强，必要的话，可设置简易的排水系统以加强基坑的排水功能。

（二）加强监测和合理设置坑壁

正如前面所说，对坑壁进行监测是十分重要的，另外，施工单位还应对坑壁的形式进行合理的设置，这其中最主要的就是根据当地水文条件和施工规范的不同，合理设置坑壁的降水等级。

综上所述，从复杂的地质条件出发，对于深基坑的降水技术进行一定的探讨，并且对于其中存在的问题提出相应的解决方法，有利于深基坑施工的顺利进行。

第五节　BIM 信息可视化技术在基坑工程中的应用

BIM 信息可视化技术是采用三维数字表达技术设计的建筑信息模型，这种模型具有信息的完整性、准确性与清晰性等特点。目前在我国高层建筑成为建筑工程行业发展方向的背景下，基坑工程是建筑工程项目开展的基础工作。本节针对 BIM 信

息可视化技术在基坑工程的应用进行研究,旨在提高基坑工程的施工质量。

目前,我国的高层建筑工程事业蓬勃发展,其中基坑工程质量影响着高层建筑工程的安全性与稳定性,传统的二维设计方法存在着不少缺陷。随着 BIM 信息可视化技术的推广,运用三维数字表达技术将基坑工程的设计得到完善,把基坑工程设计的文字图片内容转化为立体模型,并在基坑工程施工过程中提升工程质量,减少失误。

一、BIM技术的内容

目前,BIM 在相关的词语定义没有明确的解释,一般称作建筑信息模型或者建筑信息管理。但是总体来讲,都是基于建筑工程项目的各项信息数据,运用信息技术设计三维建筑模型,运用数字化手段将建筑物各项工程建设环节的真实信息表现出来。

BIM 有以下五个方面的特点:一是可视化特点。BIM 技术同 CAD 图纸相比,内容更加直观具体,没有图纸的抽象内容,并且构造形式的表达内容更加立体化,使没有受过专业培训的工作人员也能明白工程构造内容,从模型中了解到材料、造价等方面的有效信息。二是协调性特点。建筑工程项目设计关系到多方面工作环节,但是相关的设计人员在设计所属工作环节的工程图纸时,没有做好同其他工作环节的沟通工作,容易同其他工作环节发生冲突。例如管线与墙面发生碰撞等。通过 BIM 技术,在设计过程中可以将各环节的因素统一纳入设计,查找容易发生冲突的工程环节,做好模型与设计图纸的修改。三是模拟性特点。BIM 技术除了可以在设计阶段模拟建筑工程的构造、环境、施工等工作环节之外,还能针对工程存在的节能、人流等方面进行模拟设计。另外,加上时间因素进行工程建设的模拟推演。确定合适的施工方法。四是优化性特点。工程项目的各项环节在施工过程中不断优化并完善。目前高层建筑的建设高度越来越高,仅靠原有的图纸设计是无法完成项目施工的,因此必须综合运用信息技术进行设计。在工程项目的设计过程中,结合 BIM 技术将施工设计方案内容有效优化,及时修改设计方案。同时结合工程设计与成本,了解工程项目的实际造价情况。五是可出图性特点。BIM 的模型具有信息一致性,如果对楼层某个平面进行修改,也改变了其他视图的信息,从而避免出现设计内容重复修改与信息内容不匹配的问题。设计优化之后除了可出建筑工程的平面图、立面图与剖面图之外,还能给出工程的综合管线图、工程明细表等其他内容,方便工作人员直接指导各环节工作,避免出现由于各工作环节设计人员没有及时沟通而产生的失误。

二、BIM信息可视化技术在基坑工程中的应用

（一）在基坑工程进度管理中的应用

采用3D模型技术将基坑工程的设计图纸直接调整为3D可视化模型。针对工程进展、存在的问题、关键工序、各工程环节的衔接情况等方面的内容，形成直观了解，以此提高项目工程的效率。

在基坑工程进行项目设计的过程中，通过BIM设计模型将工程的信息进行统筹规划，例如基坑的支护、周边环境等，基坑的平面图、立面图、剖面图的模型也可以设计并指导施工建设。基层模型在设计过程中避免了图纸设计存在的缺陷，如支护安置与设计图纸内容不一致等问题，避免因图纸失误产生设计重新调整并延误工期的情况。

传统的基坑工程施工方案设计只能依靠设计人员所谓的经验来制定，具有多方面的缺陷，无法确定最优的施工方案以及及时发现存在的问题。BIM技术将施工方案的内容进行全方面、多角度的可行性分析，施工的全过程要进行指导、追踪、观察，按照工程实际变化及时优化施工方案，提升施工方案的合理性。

同时，BIM技术针对施工现场的机械设备安放、场地的划分等进行模拟与分析，利用可视化的环境寻找合理的施工现场布置，不仅避免了项目工程各项技术环节发生工作冲突，同时还能有效解决施工现场材料堆放、加工、物料运输混乱等问题，这样既提高了工程的施工效率，又避免了因为现场材料混乱问题造成的环境污染。

（二）在基坑工程质量管理中的应用

BIM模型的创建，可以将设计图纸中存在的问题在工程施工之前查找出来，从而有效提高设计图纸的质量与合理性，避免在施工过程中才发现设计错误的问题，使工程被迫返工。另外，传统的基坑设计图纸内容较多并且图纸内容相对独立，如平面图、立面图、剖面图等，必须由专业人员进行图纸的统筹与分析。随着3D技术的推广应用，可有效地将基坑工程的平面图、立面图、剖面图等内容自动生成并有效整合，并在某一模型发生变化的情况下，其他方面内容也会自动调整，这样既可以减少设计人员的工作量，也可避免设计出现失误的问题。

目前，随着科技的发展，基坑工程的施工技术也发生了新的变化，如何将新技术、新材料应用到基坑工程的施工设计中，来有效提升基坑工程的施工质量。采用BIM可视化技术将这些新的变化纳入进BIM系统当中，可以使各环节工作人员在施工过程中了解这些新变化，并提供技术方面的支持。

（三）在基坑工程成本管理中的应用

目前在基坑工程的成本管理方面，相关建筑企业成本控制管理存在不精细的问题，在成本计算中只有施工的预算与结算数据，没有统计相关的成本控制，导致工程施工成本上涨乃至亏损。BIM 模式纳入了基坑工程的所有构件经济成本信息，财务人员可通过信息内容来对构件成本进行核算。

另外基坑在施工过程中容易出现各工作环节交叉施工的问题，缺乏沟通机制，导致出现工程返工进而增加建设成本。BIM 信息可视化技术通过推演模拟寻找合理的施工顺序，避免上述情况的出现，因此有效避免了资源的浪费，控制了工程的建设成本。

（四）在基坑工程安全管理的应用

工程施工的安全管理工作关系着工程的施工质量与进度。运用 BIM 可视化技术将各种安全事故进行模拟推演，了解事故的危险性，根据模拟结果制定工程安全管理的有效措施，可设计在发生意外事故的情况下安全逃生的路线，避免出现重大损失与人员伤亡情况。

此外，BIM 可视化技术除了做好安全事故的预防设计外，还能提升施工工艺与标准的安全性。通过模拟影像将相关安全生产与现场逃生进行展示，提升了现场工作人员的逃生技能。

三、BIM信息可视化技术在实际项目中的应用

（一）项目案例

以东北某市广场建设项目为例，该项目整体呈现长方形，四周都是市政道路，项目工程地下有排水管、燃气管、电缆等多种管线。建筑高度达 188 米，有 3 层地下室，项目的基坑开挖深度大约在 20 米，基坑周长为 274 米，安全等级为一级。

（二）设计方案

首先，采用 BIM 软件设计三维基坑的模型，根据基坑开挖的情况确定建模范围，设计好维护结构与支护结构的范围，要考虑基坑模型的最终结果，做好模型内容颜色的合理布局。设计方案要考虑到周边环境与基坑位置的关系，通过模型可以清楚地看到基坑内部有不利于支护安装的位置，通过设计调整来完善基坑内部支护安装方案。同时，模型也能清楚地展示支护支撑的布置与基坑坡道的结构关系。

（三）施工模拟

基坑的土方开挖要采用先分层，后分区段的综合方式的原则，避免出现超挖的情况，要制定好相关的安全预案。

方案设定之后先建立施工项目的模型，在基于支护结构与坡道的基础上，将坑内的土方模型进行补充。生成施工模型后，再把坑内模型进行开挖模拟，采用逆向开挖方式从第四层挖到第一层。由于本基坑项目的整体呈现为正四方形，我们可以运用"田"字形的形式进行基坑划分，分为4块土方，每块土方都要进行标号命名，方便开挖工作有序进展。另外，为了有效展示土方的开挖过程，每块每层的土方都必须采用不同的颜色。

以施工日程为单位，将项目工程内容生成模拟动画，首先将基坑的土方建立一项工程任务，支护与开挖土方另外建立一项任务。根据施工进度表将任务与施工模型进行有效对接，设定好指定程序。土方任务可以"开挖"来进行命名，其他任务以"构建"来命名。然后点击"模拟"导出施工模拟推演动画。

BIM信息可视化技术在基坑工程的设计方案既可以清楚地表达基坑工程各项环节工作中的难点，也方便施工人员直接了解工程的设计内容与施工技巧。BIM信息可视化技术的应用不仅能有效协调各环节工作，避免施工出现工作冲突，同时，施工模拟还能更早地发现施工过程中存在的问题，从而及时优化调整设计，提升基坑工程的施工质量。

第六节　BIM技术在基坑监测中的应用

基坑监测技术作为基坑工程中保证安全性的最重要环节之一，在基坑施工全过程中，全面熟悉工况、对基坑支护结构及周围环境的系统把控，保证了基坑工程的安全性。BIM技术在基坑监测中的信息化与可视化应用使得基坑支护安全性与基坑监测效率都得到提升，同时能够有效减少人工误判或漏判的情况。本节分析了现阶段实际工程中基坑监测技术的应用及其重要程度，本节主要基于BIM的基坑物联网实时监测及web共享平台技术应用于基坑工程进行分析，说明在基坑工程中应用BIM技术的优势与未来趋势。

一、基坑监测与BIM技术的重要性

（一）基坑监测技术

基坑监测对于基坑工程施工来说是必不可少的环节，其指的是在地下工程施工及基坑开挖过程中，对基坑支护结构、岩土体周围环境和变位条件的改变，进行各种监测和分析工作，且将监测结果及时反馈，预测下一步施工将引起的稳定状态和变形的发展，根据预测判定施工对周围环境造成影响的程度，来指导设计与施工，实现所谓信息化施工。

（二）BIM的功能

在基坑监测中工程中结合运用 BIM 技术，可以提高工程施工的可视化程度，让操作人员更加直观地了解整个工程，提高工程效率，使工程管理更加精细，减少现场返工，节约成本。BIM 还有场景漫游、施工模拟、实时监控、空间量测、分析报警、历史数据查询等功能。

（1）场景漫游。自定义路径并以飞行的第一人称视角在三维场景中进行漫游浏览，系统、直观地看清整个工程，了解空间位置情况。

（2）施工模拟。通过多平台协作，模拟基坑结构变形、周边地面沉降情况、地下管线沉降、周边建筑物的沉降倾斜等监测数据并进行应用仿真。

（3）实时监控。根据实际需要，可以实时查看地面、地下作业面的相关情况。

（4）空间量测。提供面积、长度、空间长度，获取坐标输出标高，并根据需要提供地面沉降量的统计等功能。

（5）分析报警。对监测的变形数据进行分析，当监测数据达到某一警戒值时，立即发出警报。

（6）历史数据查询。将结构变形、管线变形、周边地面沉降形态、周边重要建筑物的沉降倾斜等监测数据沿时间轴展现出来，人们可以快速方便地查看任意时间、地点的信息数据。

二、实际应用

（一）建立模型

将基坑监测点布置图纸导入 Revit 软件，利用场地模块、透明覆盖及体量功能建立基坑模型，再利用自建族功能做出支护构件。

（二）web平台

通过网页的自主研究，成功开发出一个内部专用的 WEB 数据共享平台，该平台设有项目中心、BIM 智慧工地、进度管理、安全管理等功能。

传统形式下的基坑监测技术通常以人工抄录数据配合二维曲线或图像的形式来

展现基坑支护结构变形趋势,变形情况不能整体直观地展现。由于以上原因,我们将BIM技术应用于基坑监测工程后,通过将基坑的四维模型(三维模型+时间轴)上传至WEB共享平台,再将现场实时监控画面链接进入WEB共享平台,以及通过自动化监测技术实时采集的监测数据上传至WEB平台。业主单位、监理单位、工程师及施工方均能第一时间通过WEB共享平台直接得到直观的基坑监测信息,从而大幅加强相关人员对基坑支护结构的现场情况作出有效判断的效率。

三、应用BIM的优势

(1)可视化程度高。通过REVIT与三维地质模型可以直观形象地展示出基坑的地质情况及支护变形情况。不仅是在基坑监测过程中,甚至在设计阶段、全过程施工阶段及竣工验收等阶段,高可视化程度均可充分发挥作用。

(2)信息化程度高。通过三维模型可以随时调取任意地质及支护构件的全部信息,一旦出现监测预警,可以在更快时间得到现场信息,可以更为快速有效的做出判断及得出处理方案。

(3)提升组织协调性。通过WEB共享平台,建设全工程所有参与方均可第一时间获得第一手现场资料,避免了层层上报、多方沟通的麻烦,同时,也能有效遏制工程中出现的贪污腐败、欺上瞒下的行为。

基坑监测是基坑的开挖中安全保证的必要措施,近年来随着我国城市化道路进程的不断深化,目前社会对于超高层或高层建筑物及地下公共交通的需求不断加大,从而对深基坑工程的深度、规模、质量以及安全要求也在不断提高,随之带来的便是基坑监测技术的不断优化与发展,而BIM技术凭借着它信息完备、信息关联、信息一致性、可视化、协调性、模拟性、优化性和可出图等优势,已经得到了全球工程建设领域的一致认可,在建筑业中得到了广泛关注与应用。BIM技术在基坑监测中的应用研究将更加有效地增强基坑支护的安全性。

第七章　深基坑开挖及支护工程施工技术

第一节　建筑工程深基坑开挖施工要点

深基坑开挖量相对较大,可能会对周边构造物的稳定性造成影响,必须对此加以重视。本节主要对深基坑开挖的施工工艺进行研究,并探讨分析施工中的要点,以期为深基坑开挖施工提供积极理论指导。

关键词建筑工程;深基坑开挖;施工要点

基坑施工是建筑工程的关键性构成部分,直接影响了工程的稳定性,属于综合性较强的系统性工程。通常情况下,开挖深度超过 5m,或虽未超过 5m,但施工现场环境、地质条件、地下管线等相对较为复杂,可能会对毗邻建筑的安全性造成影响,均可属于深基坑范畴之内。因此,在深基坑开挖施工阶段,应综合考虑多方面因素,确定科学的开挖方法,以确保建筑工程的安全性。

一、工程案例

某综合性办公楼整体地下室为 2 层,以钻孔灌注桩结合二道钢筋混凝土内支撑作为基坑围护结构,基坑防渗止水帷幕设计为水泥搅拌桩,局部地区由于空间限制拟采用素混凝土嵌桩。地下室底板相对标高为 -10.450,下设碎石垫层及砼垫层,基坑开挖深度为 9.350m,平面形状近似长方形,其尺寸为 190m × 90m,根据相关技术规范要求,该项工程中基坑安全等级为一级。经由技术人员对施工范围内实际情况的勘测,地下水埋藏相对较浅,以浅部的孔隙性潜水为主,为避免在土方开挖阶段出现积水现象,应按照相关标准设置盲沟和集水井,及时将水分排出。在开挖施工阶段严格遵循设计要求,避免对周边建筑物造成影响。

二、建筑工程深基坑开挖施工要点分析

(一)前期准备工作

施工机械准备。挖掘机、装载机等是深基坑开挖阶段所需的主机械设备,应根据建筑工程实际地质水文条件确定设备规格及数量,在保证工程施工进度的前提下,

避免出现设备闲置的现象,增加工程造价。待机械设备进入施工现场之后,由专门操作人员调试设备参数,加强易损部位的检测,并形成相应的管理档案。施工阶段定期维修、保养机械设备,防止出现机械故障,对施工质量造成影响。

施工现场处理。在基坑施工开始之前,将挖方区域内的障碍物全部清除,明确地下管线的分布走向,加强对附近构物的保护措施。待障碍物清除完毕之后,初步整平作业面,为后期开挖施工创造良好环境。在充分掌握工程基础设计图纸要求的基础上,设置施工现场的水准点,测量基坑开挖范围,形成施工基准线。水准点应不受外界因素干扰,牢固可靠且通视良好,通常将其设置在施工现场边线方向,其测量闭合差应控制在 ±12 以内,(L 表示水准点间距,以 km 计)。同时根据施工方案要求进行施工放样,确定基坑变形、沉降监测点的位置。在测量放样过程中应严格控制测量误差,将其控制在条件允许范围之内,并对各项测量数据进行复核。

（二）基坑排水施工要点

为防止水分在开挖过程中渗入基坑内部,应加强基坑排水施工,及时将多余的水分排出。首先,基坑外排水,将排水沟设置在基坑外部,合理确定确定集水井的尺寸,并配置水泵将积水抽出。其次,基坑内集排水,将集水井设置在基坑内部四角位置,浅层地下水及自然降水可通过内部集水井排出,由潜水泵输送至排水管网之中。通常采用动力水泵进行基坑排水,水泵的排水量为基坑涌水量 1.5~2 倍。

（三）施工顺序及区段划分

通常情况下,深基坑开挖土方量较大,为保证工程施工顺利进行,应对施工长期进行合理划分,遵循"先挖后撑、分层、分区、对称限时"的原则,确保基坑对称卸载。在深基坑施工过程中,避免出现土体积水滑移现象,下层基坑土开挖时必须保证支撑梁的强度达到相关标准,通常为设计强度的 80%。根据基坑工程的实际情况,结合设计方案具体要求,确定土方开挖层次及深度,在保证开挖质量的前提下,优化施工效率。通常采用边开挖、边外运、边支护的施工方式,加强开挖与支护作业的配合,尽量避免基坑长时间在无支撑的情况下暴露,控制开挖阶段的位移及变形。

（四）土方开挖施工要点

首先,应根据工程项目的实际情况选取相应的开挖方式,常用的施工方式有中心岛式挖土、逆作法挖土、逆作法挖土以及放坡挖土,遵循"开槽支撑、分层开挖、严禁超挖"的原则,分层、分块、对称开挖。以施工部署走向为依据,向出土口退挖,为提高施工效率,可分为两个作业面同时开挖,合理配置挖掘机数量,直至开挖深度达到分层面标高。采用台阶后退法进行底层土方段施工,待分层开挖至出土口台阶后,呈放射状后退挖土。开挖施工阶段应及时将挖出的土方由运输车辆运送至指定存土场,在运输过程中避免出现泄漏现象,对周边生态环境造成影响。机械开挖至距设计标高30cm左右时,组织施工人员进行人工开挖,以免出现基坑超挖问题,同时也尽量减少坑底土体破坏。基坑开挖完成后,检测开挖尺寸及深度是否满足设计要求,若存在误差过大部分,应及时采取相应的处理措施。

三、建筑工程深基坑开挖施工质量控制措施

在深基坑开挖施工过程中,应根据建筑工程实际地质水文条件选取相应的开挖方式,制定科学施工方案,合理划分土方开挖施工顺序及区段。施工前根据测量放样结果量化土方开挖数据,确定基坑尺寸、分层开挖的层数及深度。挖土机作业时应规范操作,避免对工程桩、支撑梁、柱等造成碰撞、冲抓,对工程的稳定性造成影响。由专人负责指挥土方开挖作业,严格控制每层开挖深度,禁止出现超挖现象。当两台挖掘机在一个作业面上施工的情况下,其间距应控制在10m以上,挖掘机与下部边坡保持一定的安全距离,避免在开挖过程中出现翻车事故。为保证基坑开挖施工的安全性,应在基坑周围加设临时围栏,形成封闭施工区域,不得在围栏1m以内堆放土料。此外,基坑开挖阶段易出现边坡失稳现象,应对此类问题加以重视,严禁切割坡脚,当坡度大于1:5时,避免在挖土区上方堆土。运输车辆的荷载、震动作用也可能导致边坡不稳定,必须严格控制边坡堆荷,以确保边坡的稳定性。

深基坑土体开挖之后,由于地基卸载,降低土体中的压力,在土体弹性效应的作用下,基坑底面出现回填变形现象,导致工作面隆起。基坑土质、深度、面积、暴露时间等是影响回弹变形量的重要因素。在后期建筑工程投入使用之后,此类回弹变形量会逐渐加大,导致出现下沉现象,直接影响工程的稳定性及安全性。为有效控制回弹变形量,应尽量降低基坑暴露时间,控制土体中有效应力变化,及时排出基坑内部的水分。

加强基坑监测。基坑监测的主要目的是掌握土层位移及沉降情况,确保基坑施工安全性。在满足基坑设计受力工况的基础上,可根据实际监测结果,及时对挖土的方法、流向、进度等参数进行调整。因此,在施工过程中应根据预先布设的位移、沉降观测点位,配备专门技术人定期监测,并详细记录观测数据,为土方开挖提供参考。一旦在监测过程中出现沉降或变形过大的情况,应及时停止施工,分析问题出现的具体原因,并采取相应的解决措施,以免影响周边构造物的稳定性,造成经济损失。

随着基坑开挖深度逐渐增大,侧向压力也随着产生变化,导致周围地面出现沉

降、变形等问题,因此,在基坑开挖施工时应制定科学的支护方案,每层土方开挖完成之后,及时配合相应的支撑措施,确保深基坑施工质量及安全性。在土方开挖阶段注重对支撑结构的保护,施工机械荷载禁止直接作用在支撑上,同时根据土方开挖实际情况,选取相应的支撑措施,支撑结构的荷载受到挖土方式的影响,应尽量保证支护结构受力均匀,减少变形现象。

综上所述,近年来国民经济发展水平不断提高,建筑工程规模逐渐扩大,出现了更多的深基坑工程。在深基坑开挖施工阶段,由于其挖土深度相对较大,地基卸载,导致侧向压力随之变化,不仅降低基坑施工的安全性,也可能对周边构造物的稳定性造成影响。因此必须根据基坑工程的实际情况选取相应的开挖方式,严格规范施工操作行为,明确施工要点,加强基坑监测工作,掌握土方开挖进度,及时调整开挖方法,加强对周边构造物的保护,从根本上提升建筑工程的安全性。

第二节 深基坑开挖专项施工技术

根据车站所处的地理环境和地质情况,提出了基坑开挖的施工关键和施工对策,并结合实际情况,对基坑的开挖顺序、开挖方式、注意事项以及在开挖过程中,为了保证土体稳定,对钢支撑的施工作做了详细的介绍,事实证明:只要技术方案合理、可靠. 各项准备工作充分、到位,就一定会取得令人满意的效果。

一、工程概况

迎宾路站位于都江堰迎宾路与内二环路相交处。周围有许多房屋建筑,为成灌铁路都江堰市区内地下车站,采用明挖顺做法施工,围护结构设计为两端采用人工挖孔桩。车站长度 255.6m,结构宽度 18.1~59m,基坑开挖宽度 18.1~71.42m,开挖深度 12.37~14.17m。

该段隧道线路位于成都冲洪积、平原西部边缘,地势东南低西北高。线路位于成都平原西部边缘构造带,为龙门山山前隐伏断裂带。

(一)开挖施工关键

基坑开挖及支撑过程中根据土体变形的时空效应原则,缩短开挖与支撑的间隔时间,减小因围护桩过量位移而引起的周边上体下沉量,以保护周围建筑物和行车安全。

基坑开挖采用"纵向分段、竖向分层"挖完每小段土方、安装好该小段的支撑、施加预应力的总时间应控制在 20 小时以内;每层土方开挖底面不能低于相应支撑中心以下 1000mm；设计坑底标高以上 200mm 厚的土方，应采用人工开挖；开挖分层厚度 1m，每段长度在 10～20m；存在立柱桩的部位，必须注意开挖标高控制，首先必须挖至横向立柱下方，且开挖中立柱周围 1m 范围内不允许采用机械开挖，防止立柱歪斜；基坑开挖从上到下分层、分段、分块进行。基坑抽槽横向坡度为（1：2）～（1：2.5），纵向坡度为 1：5，满足车辆坡道运输。

土方开挖按先挖中间（先抽槽）架设支撑，后挖两边的土体，尽量减少围护结构的位移。端头部分由于中间无支撑的面积较大，为减小基坑无支撑暴露时间采用先开挖边角的斜撑区域的土体，最后开挖中间的土体并逐步退到标准段的开挖。

基坑开挖到设计标高时，应及时浇筑垫层砼，以封闭基底；

（二）基坑开挖对策

对车站土方开挖根据理论计算分析，合理分段分层开挖，开挖后及时支撑并施做合适的预加应力。

采用信息化施工，及时量测各项数据，通过理论计算分析指导施工，确保施工方法的科学可靠。

基坑开挖总体原则按照"纵向分段、竖向分层、先支后挖"进行施工。车站开挖还应遵循先中间开挖后两边，基坑开挖纵向分段和主体结构施工分段相同。基坑开挖时根据支撑竖向布置进行分层开挖，根据支撑平面布置间距进行分步开挖，采用挖掘机挖土，自卸车运输的方式开挖，开挖厚度 1m，开挖后及时进行喷射砼，地表土体开挖至冠梁底标高，根据前期的监测资料，一道支撑架设在冠梁开挖 2 层（4m）后进行架设；开挖至第二道钢支撑中心线以下 0.8m 时，需凿除护壁砼，进行牛腿及围檩的安装，暂不架设第二道钢支撑；剩下 3.5m 高土体采用一次性开挖完成，开挖中第二道钢支撑下土体开挖完成后，立即进行第二道钢支撑的架设。

二、基坑开挖施工

车站基坑开挖计划从由两头向中间分四次进行。第一次开挖面至冠梁底面开挖深 4.0m（采用分层开挖，分层厚度 1m）；第二次开挖深度为 4.0m，进行第一道钢支撑架设；第三次开挖至第二道钢支撑下 0.8m，进行支撑牛腿安装；第四次开挖至基底深度为 3.5m，进行第二道钢支撑架设，开挖中每层厚度 1m，每层完成后及时进行挂网喷射砼。

（一）基坑开挖技术措施

每段基坑开挖时均应超前设置一个 1.0×1.0×1.5m 的集水坑，将基坑内水汇入集水坑,用抽水机抽排至基坑外的截水沟排放到沉淀池,充分备好排水设备,确保基坑开挖面不浸水,保证开挖作业顺利进行。

基坑开挖过程中及时架设支撑,保证基坑正常开挖及在加载卸载过程中围护结构的受力符合设计。

为保证坑底平整,控制超欠挖,基坑开挖到设计坑底标高以上 20cm 时,采用人工开挖找平,局部洼坑用砂填平、压实,同时设置集水井排除坑底积水,并立即进行结构垫层施工。

设立监测体系,建立信息反馈系统,在开挖过程中对支撑体系的稳定性、地表沉降、排桩位移、水位变化、钢支撑轴力变化等派专人监测,并作好观测记录,出现异常立即处理。

纵向边坡根据土层技术参数及实际情况放坡,边坡喷设混凝土护坡,保证边坡稳定。

施工过程中严禁碰撞钢支撑、钢围檩及临时支撑立柱桩、梁等构件,确保钢支撑受力状况良好。

(二)基坑监测预警

深层土体水平位移预警值:位移累计 30mm 或最大位移变化速率连续三天超过 3mm／d;坑侧地表最大沉降预警值:沉降累计 30mm 或变化速率连续三天超过 3mm／d;轴力最大预警值:最大轴力 1200kN。

三、钢支撑施工

确定每道钢支撑的长度及拼装用料,组织钢支撑进场,试拼装后进行编号,有序堆码。现场配备 2 台 100t 千斤顶.并对千斤顶、压力表进行标定;同时组织两台 35T 汽车吊,停放于适当位置。用汽车吊安设钢围檩与钢管支撑,通过钢支撑活络端用油顶施加预应力。再用楔块塞紧,取下油顶。每道支撑安装完成后,即刻在其两端用 16mm 钢丝绳将钢支撑固定在冠梁顶面的预埋钢筋上或安装的膨胀螺栓上。每层土体开挖完后,钢支撑的安装和预加力的施加应在 8 小时内完成。

钢支撑安装应满足规范要求,预应力施加中,必须严格按照设计要求分步施加预应力。第一次预加 50%～80%;通过检查螺栓、螺帽,无异常情况后,施加第二次预应力,达到设计要求。

钢支撑的拆除拆除条件:结构底板和顶板的砼强度达到设计强度的 85% 以上时。

钢支撑拆除应分段分层拆除。用35t汽车吊将钢支撑托起，在活动端设2台100t千斤顶。施加轴力至钢楔块松动，取出钢楔块，逐级卸载至取完钢楔。最后用汽车吊将支撑吊出基坑。

安全施工措施：

施工前应对操作工人进行安全三级教育和岗前安全培训，培训合格后方可上岗，特殊工种必须100%持证上岗。

安装作业时。要正确系好安全带、扣好保险扣，高空就位后要有临时固定措施，各类工具、材料、配件应采取防止高处坠落的安全措施。

严禁使用不合格的钢支撑材料。钢支撑加工前由机械技师对所有机械性能进行检查，合格后方可使用。安装时严格按设计进行。

钢支撑安装时，必须按照设计要求正确施加预应力。对施加预应力的油泵、压力表装置要按要求进行标定，确保应力值正确，并做好记录。

在安装托架、钢围檩时一定要注意在边坡设防护栏，并同时安排专人将边坡上部将杂物清理干净。防止坠物伤人。

支撑吊装时其吊车下方及支撑回转半径内严禁站人，高空作业要系安全带。

施工中需要重点做好对钢支撑安装和使用过程中的轴线偏差及冠梁、钢围檩的位移的观测，如超过允许值，应迅速采取处理措施。除此要注意基坑支护结构的水平位移及地面沉降监测，其控制标准为地表最大下沉值为30mm，隆起量为10mm，基坑围护结构钻孔桩水平变形值最大不超过0.0025H（H为开挖深度）。监测报警值为上述数值的80%。

成灌迎宾路车站站基坑开挖施工的实践证明，在地铁站基坑开挖施工中，只要做好以下几点，就一定能得到令人满意的结果。

根据本工程所处的地理环境及工程地质情况，制定与之相应的施工开挖技术方案；

钢支撑的位置应计算准确，并确保施工无误；

确保施工过程中技术可靠，相关措施得当．各项工作按部就班，管理到位．保证每道工序顺利进行。

第三节 临近既有线深基坑开挖防护技术

现阶段，国内外针对深基坑所开展的施工工程数量呈现出了明显的增多趋势，正是因为如此，才有大量的支护方案被提出，并应用在实际施工的过程中。对于临近既有线的深基坑开挖工程而言，施工单位需要根据实际情况对防护措施加以确定，只有这样才能在最大限度上对既有线的行车安全进行保障。本节运用理论与实际相结合的方式，从施工方案的选择和实际应用两个方面出发展开了较为系统的分析，供施工单位参考。

随着社会的进步和经济的发展，现阶段，我国各地区建筑工程项目规模较之前相比均具有明显扩延，在对建筑地下工程进行施工时，施工人员需要在避免对周围居民日常生活带来不利影响的基础上，完成扩建工作，想要达到这一目标，对深基坑支护技术加以应用是很有必要的，因此，针对临近既有线深基坑所开展开挖工作应用的防护技术展开研究具有的现实意义不言而喻。

一、施工方案的确定

通过对本节所研究基坑进行钻孔取样能够发现，该基坑地质条件相对复杂，具有十分丰富的地下水，在需要开展基坑开挖施工的范围内，还存在着厚度较厚的砂层，无论是砂层的存在还是地下水的存在，都给后续基坑防护工作的开展带来了一定的影响。因此，想要对既有线加以保障，较为常见的放坡开挖方案需要被舍弃，设计人员在进行实地勘察后选定地下连续桩支护作为最终的施工方案。

二、深基坑开挖防护技术的具体应用

由于基坑需要进行深度开挖，受砂层和地下水影响，在开挖的过程中，较易由于涌砂情况的出现导致地面下沉，进而对道路通行产生影响。对施工人员而言，一旦出现上述情况，往往很难在短时间内对变形进行有效控制，基坑垮塌的问题由此而出现，这对于施工的安全性和效率而言，都是非常不利的。因此，结合项目实际情况，最终对下文所提及的防护技术和步骤进行确定。

（一）计算基坑开挖结构

在确定基坑防护参数值后，施工人员便应当对承台进行开挖，再以围护桩位置高度作为依据，每隔一根围护桩，安排一个牛腿，牛腿的作用主要是对工字钢梁进行依托，避免不必要安全隐患的出现。将加工后的工字钢梁分别放置在牛腿上，并通过焊接的方式对其进行加固，在焊接过程中，施工人员需要对斜撑部分的焊接工作引起重视，保证与项目要求相符。在对钢管进行加工，使其成为横向支撑后，施工人员便需要将加工后的钢管通过吊装的方式，使其升至与工字钢梁相同的高度上，在这一过程中，施工单位应当选派专业人员，在预留位置利用千斤顶顶住钢管，顶紧后，便可以将钢楔块添加在位于活动端的两块钢板之间。待上文所提及的工作告一段落，基坑防护结构也呈现出了初步的形状。

（二）挖基槽

需要明确一点，在基槽挖掘过程中，一旦有问题的出现，不仅会导致工程延期，还会对地下连续墙结构所具有的稳定性产生影响，该防护技术具有的作用就无法被完整地呈现出来。因此，在施工过程中，施工人员在将混凝土材料向所对应基槽内部进行灌入前，首先应当对基槽的位置加以确定，避免不必要问题的出现，给施工项目带来不利影响。

（三）加固坑内土体及成槽

对施工单位来说，在施工过程中需要引起重视的部分应当为安全保障工作，对地下连续桩支护而言也不利外，因此，在对地下连续墙进行施工时，施工人员必须在对自身安全以及墙体的稳定加以保证。由于针对地下连续墙所开展的施工工作，通常需要较长工期，因此，想要对施工的安全性进行保证，最有效的方式就是在施工过程中对地基进行重复加固。除此之外，负责项目质检的人员还应当保证工作能够覆盖施工的各个环节，一旦发现有问题存在，在第一时间向上级部门进行汇报，避免不利影响的范围被进一步扩大。

（四）泥浆护壁

在对地下连续墙所对应基槽进行挖掘时，出现频率较高的问题即为地下连续墙的墙壁被破坏，想要避免该问题的出现，施工人员应当对泥浆的作用引起重视。这主要是因为泥浆不仅能够对塌方问题进行防治，还能够对机具进行冷却以及润滑切土。因此，施工人员需要对所生产护壁泥浆的质量进行保证，将护壁泥浆在对地下连续墙进行施工时具有的作用进行完整呈现。

（五）导墙制作

导墙具有的作用主要包括成槽开挖时，对起重机、成槽机等设备产生的荷载进行承受，以及对地下连续墙进行定位。因此，在对导墙进行施工和放样时，施工人员需要保证每一步的准确性。另外，成槽机破土入槽时，如果想要对抓斗垂直度加以保证，具有决定性作用的因素同样为导墙，由此可以看出保证导墙质量是十分重要的。在对导墙进行制作的过程中，施工人员需要对导墙平整度及内墙面垂直度进行准确的掌握和控制。

（六）混凝土的浇筑

通过调查可以发现，大部分施工单位在针对地下连续墙进行混凝土浇筑时，普遍将泵送浇筑作为第一选择，因此，想要对浇筑质量加以保证，施工人员在浇筑的过程中需要将导墙结构作为参考，另外，对于已经达到硬化标准的混凝土，施工人员应当及时开展对浮浆进行处理工作，保证硬化后的混凝土能够与行业及工程标准相符合。

通过对上文所叙述的内容进行分析能够看出，在对临近既有线的深基坑进行开挖时，能够使用的支护方法较多。需要注意的是，由于临近既有线，因此，施工单位应当尽量避免在雨季在对基坑进行开挖，如果需要在雨季施工，施工单位应当将工作的侧重点放在排水方面，并通过水平位移监测的方式，保证对基坑情况具有准确的掌握，一旦发现有安全隐患存在，在第一时间采取相应措施，避免后续施工环节受到不必要的影响。

第四节　工民建中深基坑开挖与支护施工技术

工民建施工的过程中深基坑相关的工作开展有着重要的意义，可以有效的保障建筑的基础稳定性，实际开展工程的过程中需要结合工程实际来分析土质等环境因素，确保工程质量。

工民建施工过程中施工监督的工作内容对于程序施工质量有着重要的意义，如果出现了问题的话，就很容易对人们的生活工作带来负面影响，文章就此展开分析，希望可以给有关从业人员以启发。

一、深基坑支护技术特点

近年来，随着国内经济的发展和技术的不断进步，中国的工业和民用建筑继续蓬勃发展。但是，在工业和民用建筑的发展中，前所未有的机遇和挑战都受到了严峻的挑战，而科学技术的飞速发展则面临着问题。深基坑人工开挖锚索施工的核心技术这是土木工程的一部分，是项目建设的核心技术。尽管在新兴的土木工程领域中对该技术的相关研究具有所有成功的基础和实践经验，但是在实际的项目建设中，仍然存在一些严重影响工人素质和土建工程质量的问题。因此，有必要继续加强对各种人工开挖和深基坑支护技术的科学研究。由于地域辽阔，低纬度跨度较大，土地类型更为复杂多样。特别是在上游和中游广阔的冲积平原的南部，有必要对这些复杂的地形进行综合分析以找到解决方案。此外，大多数领导层建筑物都建在城市中，城市地区成功的基础设施也得到了进一步改善。在地下城市，由于缺乏深基坑的人工开挖，交通，地下管线和通信设施所需的所有弱电线路都建在地面上，分布在网络中，密度很高，在某种程度上，我们应该更加谨慎地连接各种周围的设施。因为，深基坑技术的实现在施工中变得越来越困难。随着经济的总体发展和社会的巨大进步，由于城市人口的快速增长，城市化进程也在加速。沿河在海岸的最南端，城市建设用地的使用面积非常短，这促进了高层建筑外观的快速增长。为了保证建筑物的稳定性以满足人们的需求，有必要进一步稀释深基坑的深度，这与其他建筑物的平台高度直接相关。

二、深基坑工艺

（一）推进施工

在回填基坑之前，必须先执行其他测量方法。将与此基础相关的垂直和水平引出线设置在包括中心建筑桩在内的中间位置，并直接测量原始基准线和中心线。在此基础上，可以及时测量监测断面，为边桩的成功提出了依据。检查完各种操作后，可以一起工作并进行操作。当测量结果控制核心网络技术以准确测量垂直和水平中心线布局时，应设计两个或更多方向控制桩，并在两端进行匹配。如果没有提供桩保护，则其其他位置应在基坑回填之外。并且，严格按照细节设计的坡度，交叉点等被设置为返回基坑，并且准确测量了交叉点特定桩的最佳位置。在围堰基坑中，必须在水泥地面和排水系统中完成。在基坑开挖的外缘，首先必须独特设计防水棒和快速排水坡度，分析并获得现场的实际情况，准确测量适当的中间位置，并建立相关的排水沟，以连续有效地进行工作。防止大雨和雨水渗入。

（二）分析基坑开挖的稳定性

但是，对于雨水井和井口，应事先在基坑中进行开挖。如果地下室的水位在更换后急剧下降，达到设计和匹配基础的50s，也可以组织另一个人在现场手动开挖基坑。其简单的几何形状应满足各种基坑模板和基坑排水管的要求。对于无水土壤的基坑底部，应根据基坑独特的设计水平面外观尺寸，将每一侧加宽50cm，以满足周围集水井和排水渠的需要。但是，应注意，每侧第二大的放置宽度不应超出20~80cm。对于基坑支护的开挖，通常是劳力和设备的协同工作。在操作过程中，应按照独特的设计和最佳方案进行，例如其他平台高度，平台宽度，回填外观尺寸等，另外，在进行其他愉快的工作时，有必要随时监视施工单位现场的地质变化。如果有任何核心问题，必须及时纠正基坑和人工开挖的坡度的大小。在开挖和施工这两个过程中，必须经常进行准确的测量和检查,并且基坑不会再次开挖,从而导致土方开挖太少。

三、支护技术

（一）排桩或隔墙施工技术排桩

隔墙施工技术是深基坑锚固支护工程施工技术的关键组成部分之一,主要包括挡土墙,支护等。在施工过程中,严格施工的每个部分均应采用标准。桩的类型很多,例如铁管桩,预制混凝土砂浆桩等。同时,不应根据上述基础凹槽的侧面选择哪排桩。此外,在愉快的施工过程中,应特别注意地下水位的实际高度。在地下水位较低的情况下,它可能略高于基坑底部,因此应及时进行直接处理,例如脱水和划船。建筑材料的土壤屏障具有许多优点,因此它们被广泛用于深基坑的井壁中。取得这种强大优势的一些主要原因是混凝土屏障的总重量以及混凝土墙的强度和刚度。然而水泥泥墙通常不设置支撑,并且水泥石墙的类型很多,它们也可以主要用于生活和安全的第二或第三级。另外,使用水砂土墙时,基坑的深度应不小于六米。

（二）土钉墙的技术单位为临时加固

土钉墙的加固是建筑施工中常用的技术,土钉墙施工技术的使用与其他核心技术非常相似。一般来说,另一种技术是被动的节拍和修复核心技术。土钉墙在埋葬中起着积极的作用,可以在更大范围内保证深基坑施工的稳定性和安全性。

（三）反向建造拱墙

在河底的淤泥和泥泞的土壤中,不应使用标准拱墙的反向施工。当采用拱壁逆向施工时,要从多个方面考虑的核心问题是二维平面圆孔是否合适。只有经过适当的研究结果,才能将各种倒拱墙技术用作深基坑的挡土墙。倒拱墙的应用范围相对较小,大多数为三层,随着中国工业和民用建筑工程的大规模建设,深基坑开挖施工和喷射混凝土技术的实施,已成为中国当前建设不可缺少的基本技术环节。这两项技术的相互支持,为建筑群施工现场的质量安全提供了保证,也为建筑群施工单位工期提供了保证,也进一步加大了我国建筑外观技术的发展。能提供强大的动力。要进一步扩大这一核心技术的开发和完善,以要求国家政府和社会公众对建筑外观没有任何要求,促进我国建筑和土木工程事业的进一步发展。

工民建进一步施工的过程中,深基坑的开挖和支护相关的技术有着越来越高的重要性,实际开展工作的过程中必须要确保技术应用的有效性,确保施工的工期能够得到保障。

第五节　建筑工程中深基坑开挖与支护施工技术

在新时期社会发展中,各行业已经迅速发展。其中的建筑工程建设中,深基坑开挖和支护施工技术也被广泛应用。但是,由于这种施工有较大难度,与工程质量存在很大关系,因此,本节通过对深基坑支护工程特点的分析,探讨出建筑工程中的主要支护施工技术,确保工程的完善开展。

深基坑开挖和支护施工技术促进了建筑工程的建设安全性和稳定性,尤其是在新时期科学技术水平提升下,人们对建筑工程质量提出了较高要求。在深基坑开挖和支护施工技术研究工作中,传统的施工手段无法满足建筑需求,需要及时分析施工问题,加强对施工方案的调整,促进工程施工安全程度的提升。

一、深基坑开挖支护施工的特点

在现代社会发展中,随着建筑层数的不断增多,深基坑开挖的深度逐渐加深。因为城市建筑具备的可用面积存在很大限制,在深基坑开挖工作中,其复杂程度不断提升,将面对较大难度,其表现的特点具备以下几个方面:①深基坑开挖支护工程为一种临时性的工程,但是,在具体工作建设和开展期间,施工工程会贯穿于整个基坑工程中,实际的施工周期比较长;②深基坑开挖支护的形式多种多样,在整体上更复杂;③深基坑开挖施工具备更大的规模,在施工中容易面对很大问题;④施工环境也更为复杂,因为在建筑工程建设和发展中,深基坑开挖支护施工能达到良好的稳固地基目的,防止土地塌陷等,促使其作用的发挥和实现。同时,在深基坑开挖支护施工工作中,针对土体的变动现象,也会维护整体的施工安全性。

二、深基坑开挖支护施工技术

土钉支护施工。为了对深基坑边坡有效加固,确保深基坑的支护土层更稳固,可以引进土钉支护技术,保证土钉和土体之间逐渐摩擦,促进土层整体性的提升。在该方法实际应用中,需要结合建筑工程的实际情况,按照现场施工标准有效分析和思考,保证能确定出准确的土钉强度和抗力。还要对拉力和弯矩之间的作用有效控制,以达到工程的优化开展和形成。期间,还需要注意几方面的问题:①在施工土钉支护施工技术前期,需要按照具体的施工要求,对土钉进行拉拔试验工作,确保土钉拉拔力的获取,在这种试验工作中,也要在第三方监管下,对注浆力度和注浆量严格控制;②结合施工现场的钻进长度,对土钉支护的深度进行计算,确保为后期施工提供便利;③在对土钉支护施工技术应用的时候,需要根据一定的设计要求,在具体施工过程中添加添加剂,确保添加剂和混合料之间配合比更科学。在实际注浆的过程中,也要对水泥的重力作用详细分析,达到自然坠落的目的,促使注浆工作的完善化,也要做到及时补浆。

土层锚杆施工。在深基坑支护施工工作中,在地下连续墙完成后,需要进行基坑围护结构的灌注桩、钢筋混凝土土桩施工等工作。也要在具体施工的时候,对其执行进度详细计划,保证土层锚杆施工工作的完善化。首先,成孔,结合工程施工的现场情况,利用冲击式钻机等对土层锚杆钻孔。其中,存在的成孔方法为压水钻进法,在该方法应用条件下,对其一次性清孔、出渣等,促使多个程序的优化完成,然后,安放拉杆。在具体的工程施工前期,要对拉杆实施有效的除锈工作,将钢绞线上存在的铁锈清除,其中,土层锚杆的长度为 30 m。最后,灌浆。该施工程序为锚杆施工的关键,其使用的灌浆材料为硅酸盐水泥。当发现深基坑的地下水为弱酸性,可以使用防酸水泥。针对水泥浆的流动性,在能满足一定要求条件下,降低水灰比,避免泌水、干缩情况的发生。

护坡桩施工。护坡桩施工工作中,首先,要结合具体的设计要求,使用螺旋钻井机对其打孔,按照孔底到上部压入的水泥泥浆方式。在该工作中,也要确定出地下水的实际位置,确保浆液符合标准设计的需求。然后,提出钻杆,使用钢筋和骨料进行填满,最后,进行分阶段的高压补浆施工工作。

深基坑开挖支护施工管理。在深基坑支护施工工作中,监理工作发挥十分重要的作用。在施工的各个环节内,其工作要点和建筑工程质量存在很大联系,在具体进行期间,监理人员根据施工现场的情况,对地质情况、问题等详细探讨,确保深基坑支护设计方案的严格化,保证在具体的计划下,达到施工工作的可行性发展。同时,在施工过程中,也要加强对施工工艺有效应用,促进施工工序的有效完成,以保证建筑工程深基坑支护施工的安全。同时,还需要对施工地基周边的管线敷设情况详细检查,保证自身责任意识的提升,在这种情况下,避免对其造成伤害,也能提高工程的整体质量。

加强对施工过程的观测。在深基坑支护施工中,一些施工人员重点追求施工工期,无法对工程项目的质量进行检测。所以,在施工期间,需要在专业人员指导下,对其存在的施工环节和项目进行检测,当发现问题的时候,要马上解决,以保证工程的总体建设质量。还需要注意对深基坑边坡变形情况、周边建筑物、地下管线的检测,保证各个工作都能满足一定规范。但是,如果发现其产生问题,要马上停工,加强对工作的检查,避免给建筑工程带来较大的安全隐患。

加强对施工质量的管理。在深基坑和支护施工工作中,保证其建设质量,对建筑物的整体安全和质量存在很大联系,也能为人们的财产、生命安全提供强大保障,达到多方面的相互联系。所以,在深基坑支护施工工作中,要对工程的建设质量进行监督。因为深基坑支护施工中,其存在的各个环节都需要专业知识,尤其是在设计环节,存在的专业知识较多。但是,施工单位对该方面较为欠缺,受到利益因素的影响,常常会存在偷工减料等现象,无法促进深基坑支护施工质量的提升。因此,在整体建设和发展下,施工单位需要为其构建施工质量监督管理体系,促进责任制度的充分落实,在具体的深基坑支护施工开展前期,要为其做出充分准备工作,确保工作责任落实,明确具体的工作职责,以保证施工质量的提升。

通过以上的分析和研究,在建筑工程建设中,深基坑开挖与支护施工较为复杂,面对的风险性更高,其质量和整个工程的质量存在很大联系,能确保整体的顺利发展。所以,施工单位要加强对工作的重视,分析工程现场的实际情况,保证施工方案的科学与完善,并在具体执行过程中,对各个施工工序、项目等进行管理,在这种情况下,不仅能达到问题的有效处理,也能提高建筑工程的质量。

第六节　地铁车站深基坑开挖围护结构与施工技术

文章通过结合某地铁车站深基坑围护施工实例,对该基坑采取地下连续墙的围护方式。系统地总结了地下连续墙施工技术在深基坑围护工程中的具体应用,提出地下连续墙施工的相应施工技术要点,为同类工程提供参考借鉴。

一、工程概况

本工程为某市一地铁工程的其中一站的车间深基坑开挖工程。本地铁深车间基坑工程位于该市经济技术开发区,本工程在设计时采用明挖顺做法。根据本工程的工程地质情况。水位条件以及周边环境的情况,经过设计、施工等相关单位的共同探讨和分析之后,决定采用地下连续墙作围护结构兼作地下室外墙的二墙合一的方案,墙厚为 800 mm,钢管的直径为 609 mm。本工程分为两段,分别为端头井段和标准段,两段的连续墙深度不同,端头井处的开挖深度为 17.3 m,而地下连续墙的深度为 30 m,标准段的开挖深度为 15.7 m,相应的地下连续墙的深度则为 28 m。每幅地下连续墙的长度为 4.4~6 m,布置形式主义有三种,分别为一字型、L 字型以及 Z 字型,采用 C35、P8 水下混凝土。在施工过程中应采用精密的仪器对基坑变形进行实时的检测,以达到动态施工控制的目的。

二、地铁车站深基坑开挖围护结构施工准备

（一）施工技术准备

熟悉和审核施工图纸。开工前对场地工程地质资料和水文地质资料、围护结构、土方开挖、盖挖路面施工图等各种施工图进行熟悉，在熟悉图纸的基础上完成图纸会审、设计交底工作。

依据施工图，编制可实施性的土方开挖施工方案。依据设计文件、调查资料以及施工图纸，按照施工合同要求，制定经济合理的施工方案，报监理工程师审批后组织实施，并在开工前组织有关人员进行技术、安全交底。

测量复核。根据设计单位提供的导线点、水准点和测量资料，对这些点进行复测；并将交桩复测报告上报监理工程师审核。以测量控制点控制基坑开挖标高、基坑开挖限界等尺寸，同时为钢围檩、支撑安装等工序施工提供指导在土方开挖施工前制订详细的施工测量方案并在施工中执行。

（二）劳动力配置

地铁车站规模大、施工工期紧、任务重、施工难度大，为了顺利完成该项施工任务，我项目部选派有施工经验的现场管理人员协调基坑开挖施工中的各个环节。根据工期安排，进场前对施工人员进行全员入场教育、岗前培训，对施工人员进行基坑开挖施工中各个工序、工种的专项安全、技术交底。

（三）施工机械、物资准备

根据现场平面布设，在开工前做好物资、临建工作。开工前落实各项施工用料的计划，按照相关程序要求选定合格厂家和产品，签订供货合同，并分期分批组织进场。根据主要机具需用量计划，及时组织机械设备的进场、安装、调试，保证使用。大型设备进场前要进行设备报验，经过监理批复后的合格设备才允许进场施工。施工物资进场后需报验，并准备相应的合格证、出场检验报告、进场复试报告，物资进场报验合格后方可投入使用。

三、地铁车站深基坑开挖围护结构施工工艺

（一）导墙施工

在地下连续墙的施工中，导墙起到控制平面位置、引导垂直方向、挡土以及稳定浆液面护槽的作用，通常导墙修筑在地下连续墙轴线的两侧位置，在槽段开挖之前，

应先进行导墙的修筑,这样可以起到稳固地面土的作用,方便成槽施工。导墙施工的主要工序为平整场地→测量定位→挖槽→浇筑垫层→绑扎钢筋→支模板→浇灌混凝土→拆模板并设置支撑→导墙外侧回填土。

在进行导墙施工时,应保证导墙的基底与土面能够紧密的结合在一起,这样可以防止泥浆渗入到导墙的后面。导墙采用分段施工的方式,在对每段导墙进行施工时,应预留一段水平钢筋作为连接钢筋,在相邻导墙施工时可通过预留的水平钢筋连接在一起。在成槽施工时,导墙是起到引导液压抓斗施工的作用,因此应确保导墙的位置、尺寸以及垂直度能够精确的满足规范的要求。通常情况下墙面与纵轴线距离之间的偏差不得超过 10 mm,内外导墙间距的偏差不得超过 5 mm,导墙顶面应确保水平,全长范围内的水平偏差不得超过 10 mm,局部的偏差不得超过 5 mm。

（二）槽段开挖

本深基坑工程进行槽段开挖采用的主要机械设备为 BH-12 型液压抓斗和 KH180 履带式起重机、50 t 汽车吊配套的槽壁挖掘机。在抓斗进入导墙时应保持缓慢的速度,轻提慢放,这样可以避免对泥浆造成较大的冲击,以防止泥浆影响导墙下面、后面的土层稳定。在进行挖土时,应确保悬吊机具的钢索紧绷不松弛,钢索保持垂直紧张状态,才能保证开挖的垂直度能够精度满足要求。在进行挖槽施工时,应密切关注侧斜仪器,如果倾斜度超过要求,应及时采取措施进行垂直度的纠正。在每段槽段成槽施工结束之后,应立即将挖槽机驶离作用槽段。

（三）钢筋笼的吊装

在本深基坑工程中,进行钢筋笼的吊装采用的机械设备为 KH180 履带式起重机、50 t 履带式起重机。在进行钢筋笼的吊装时,应确保钢筋笼的水平,同时主吊钩和副吊钩同时起吊,当钢筋笼起吊到一定高度之后,应缓慢的将副吊钩放松,同时继续提升主吊钩,从而使钢筋笼从水平状况转变成垂直状态,之后即可拆除副吊钩,最后根据对应的位置将钢筋笼放入槽内。

（四）浇筑墙体水下混凝土

本工程下地下连续墙体采用的材料为混凝土 C35、P8 水下混凝土。水下混凝土的浇筑开始时间应在钢筋笼入槽之后的 4 h 之内。混凝土的下料应采用混凝土导管,本工程中所采用的混凝土导管直径为 300 mm,同时经过耐压试验确保符合要求。对于导管的拎拔拆卸采用的机械为履带吊。在进行地下连续墙水下混凝土的浇筑过程中,应确保埋管的深度符合要求,通常应控制在 1.5~4.0 m 处。

综上所述，在城市建设力度不断加大的今天，地铁车站建设也愈加重要。深基坑开挖围护结构作为地铁车站建设的重要内容，提高施工技术水平，才能保证工程建设的质量，才能为城市化发展提供强有力的保障。

第七节　明挖隧道深基坑开挖的安全防护施工技术

安全防护施工是明挖隧道深基坑工程建设的重要内容，但目前安全防护面临一些问题，主要表现为质量问题、施工风险、返工风险等方面。为有效弥补这些缺陷与不足，应该结合工程具体情况，有针对性地采取安全防护施工技术，提高明挖隧道深基坑施工质量、健全安全管理制度、利用现代化监测技术、采取有效支护措施，并重视明挖隧道深基坑降水工作、保护深基坑周围的建筑。

明挖隧道深基坑工程施工中，不可避免地会对周围建筑物产生扰动。且施工中需大量的开挖作业，如果忽视安全防护，很容易导致安全事故发生，给项目工程建设带来不必要的损失。为促进工程建设效益提升，保障施工人员安全，提高明挖隧道深基坑项目工程效益，加强施工安全防护是十分必要的。本节结合明挖隧道深基坑工程实例，探讨分析安全防护施工面临的风险，并提出有效的安全防护技术措施，希望能为类似工程建设提供借鉴。

一、明挖隧道深基坑开挖工程概述

明挖隧道深基坑工程建设中，为促进工程质量提升，应该把握工程特点，顺利完成工程建设任务，确保工程质量和效益。

（一）工程概况

某明挖隧道深基坑工程建设中，为全面加强质量控制，提高施工安全防护水平，施工前做好现场调查工作，全面掌握工程施工基本情况。经调查分析，该深基坑工程东西方向长 54.6m，南北向宽度 52.3m。且施工现场比较狭窄，明挖隧道深基坑开挖深度达 9.8m，因而加强质量控制和安全防护是非常关键的内容。明挖隧道基坑南面和北面是宿舍楼，东面是广场，西面是市政道路。为保证该深基坑工程质量和效益，加强安全防护是十分重要的内容。

（二）工程特点

通常开挖深度大于或等于 5m 属于深基坑工程，该深基坑工程开挖深度 9.8m。为确保施工安全，加强施工质量控制，开挖前要对周围的地质情况，地下水埋深，地下管线,周围建筑物等内容有全面了解。明挖隧道深基坑工程具有临时性、区域性和系统性等特征,应该对此进行综合全面考虑,促进项目工程建设水平提升,提高明挖隧道深基坑工程安全防护技术水平。

二、明挖隧道深基坑开挖安全防护的风险

安全防护是明挖隧道深基坑工程施工的重要内容,为施工单位重视和关注。具体来说,该明挖隧道深基坑工程安全防护面临以下风险。

(一)明挖隧道深基坑开挖质量问题

工程质量问题会影响明挖隧道深基坑施工效果,带来安全隐患。例如,明挖隧道深基坑开挖不到位,支护工作被忽视,导致深基坑稳定性不足,影响结构稳固性与可靠性,引发安全事故。一些施工人员忽视加强基坑质量控制,明挖隧道基坑结构较松散,为降低风险,施工中采用加大开挖量的方式来提高基坑稳固性。对周围土体和建筑物产生不利影响,降低结构稳固性与可靠性。

(二)明挖隧道深基坑开挖施工风险

明挖隧道深基坑施工受工程质量和外部结构影响,可能面临较大风险。例如,地质条件复杂、不良天气影响、地下水影响、施工机械故障、地质勘察不到位等,都会引发施工风险。一些施工人员责任心不强,现场管理人员忽视加强管理和监督,对存在的安全隐患没有及时排除,也会导致明挖隧道深基坑出现沉陷、坍塌等问题,制约安全管理水平提升。

(三)明挖隧道深基坑开挖返工风险

明挖隧道深基坑施工如果质量控制不到位,忽视安全管理,容易导致质量病害发生,需要返工。不仅延误施工进度,还增加施工成本,制约项目效益提升。在返工中也加大施工人员的风险,他们在明挖隧道深基坑返工中往往面临较大风险。如果超过合同规定期限,可能还要承担违约金,给项目工程建设带来不利影响,增加不必要的资金投入,甚至降低明挖隧道深基坑工程效益。

三、明挖隧道深基坑开挖的安全防护施工技术

为预防明挖隧道深基坑安全防护的不足,结合工程实际,促进安全防护水平提高,工程建设中从以下方面采取施工技术。

（一）提高明挖隧道深基坑施工质量

质量和安全是明挖隧道深基坑施工不可忽视的内容，应该加强管理控制。提高质量控制意识，确保明挖隧道深基坑工程质量，结合现场施工基本情况制定有效的明挖隧道深基坑施工方案，选用合理的工艺，制定科学的开挖方案，提高施工机械设备性能，加强材料质量控制。有效保障明挖隧道基坑稳固，提升安全管理水平。本工程施工中，对施工方案进行反复对比和研究，决定在工艺上采用加固措施，优化土层参数，确保明挖隧道深基坑施工质量，预防安全事故。

（二）健全明挖隧道深基坑安全管理制度

构建并严格落实安全管理制度，推动施工现场安全管理制度化和规范化，预防安全隐患，确保施工安全。施工前认真讨论，提高施工安全管理措施的针对性，施工中严格执行安全管理措施，明确工作人员职责和权限，让安全管理措施落实，取得更好的效益。本工程施工中，一旦围护结构出现冒砂涌水现象，则立即中断开挖作业，马上采取预防和控制措施。当支撑轴力超出警戒值时，也要停止开挖作业并加密支撑。保证结构稳固可靠，预防坍塌事故，确保施工现场秩序良好。

（三）利用现代化监测技术措施

明挖隧道深基坑现场施工中，工作人员精力有限，难以全面掌握工程质量状态。应该采取有效的监测技术手段，及时跟踪并全面了解明挖隧道深基坑施工情况。采用现代化监测设备，布置测点，搜集相关数据资料，全面掌握施工现场基本情况。采用计算机等现代信息技术监测，做好分析工作，发现并及时整改存在的缺陷，提高明挖隧道深基坑施工安全管理水平。

（四）采取有效的深基坑支护措施

支护措施是多种多样的，施工中应该结合需要合理选择。综合考虑水文条件、周围环境、基坑形状、开挖深度、排水方式等内容，提高支护方案科学性。对支护结构强度、嵌入深度等参数进行验算，满足施工需要。本工程内撑用 2 道钢筋混凝土梁，围护采用钻孔灌注桩，保证支护效果，预防质量缺陷。

（五）重视明挖隧道深基坑降水工作

地下水是影响明挖隧道深基坑施工安全的重要因素，也是安全管理的重要内容。地下水位较高，降水措施不到位，容易导致明挖隧道深基坑塌方。应结合工程基本情况采取降水措施，常用措施包括疏干、明排、减压降水等。具体措施选用时结合工程基本情况合理选用,综合考虑明挖隧道深基坑区域内的水文条件、地下水补给、深基坑比水帷幕等,采用最为有效的降水措施。对明挖隧道深基坑周围场地采取硬化措施,将雨水顺利排出,避免雨水大量涌入基坑,防止基坑周围土体受雨水侵蚀,确保土体结构稳固可靠,预防安全事故。

(六)护明挖隧道深基坑周围的建筑

明挖隧道深基坑施工前,做好周围建筑物基本情况调查,了解周围建筑物是否存在裂缝、倾斜等问题,掌握周围建筑结构情况。采用绘制地图、拍摄照片等方式,详细搜集建筑物基本资料,制定有效方案,推动施工顺利进行。深基坑施工中结合现场情况,采取有效的预防和保护措施,防止周围建筑物沉降。

四、明挖隧道深基坑开挖的安全防护施工技术效果

(一)顺利完善开挖任务

严格落实安全防护技术,做好基坑支护工作,对明挖隧道深基坑施工情况监测。避免安全事故,保证明挖隧道深基坑现场施工顺利进行,促进项目工程建设任务有效完成。

(二)提高深基坑安全防护水平

项目工程建设中,建立并严格落实安全防护技术,明确工作人员职责。顺利完成工程建设任务,有效提升安全管理水平,为工程建设创造便利,得到施工单位和周围人们的好评。

(三)确保明挖隧道深基坑工程效益

施工单位和工作人员认真履行职责,严格执行安全防护技术,促进施工任务顺利完成,避免出现不必要损失。保障工程质量,防止安全事故发生,降低不必要损失,提高资金利用效率,提升项目工程效益。

明挖隧道深基坑施工中,安全防护是非常重要的内容。应该认识到存在的不足,结合工程情况,有针对性地采取安全防护技术。从而提高安全防护水平,预防安全事故发生,提高明挖隧道深基坑工程质量和效益。

第八章 深基坑开挖安全控制研究

第一节 深基坑开挖及安全控制

深基坑开挖是一项复杂且系统的工程，在基坑开挖过程中不仅要保证基坑自身的挖深和规模、防止坑周边地面出现沉降，同时其还需保障周围建筑物的安全，因此，其不仅包含了基坑土力学的稳定和强度问题，同时也涉及到环境影响、变形控制、安全控制等多个方面内容，在实际的开挖施工过程中，其对降排水技术、护支撑体系、开挖技术以及施工技术都具有较高的要求，其中每项施工工序的质量都将影响到基坑自身稳定性控制，若基坑稳定性控制不足，便极易引发基坑坍塌安全事故，为此，在施工过程中，施工人员需积极探寻影响深基坑稳定性的相关因素，才能做好有效的安全防控措施，进而保证工程施工的质量与安全。本节主要分析了深基坑开挖过程中影响基坑稳定性的因素，并针对影响因素提出了几点深基坑开挖过程中的安全控制措施，以期为同行提供有效的参考。

随着我国城市化建设的快速发展，使得高层建筑、各类地下空间综合体建设的规模不断扩大，这就使得基坑工程的规模也不断扩大，逐渐向着深基坑施工的方向发展，以往，不少地区认为深基坑是深度 <5m 但周围环境或地质条件复杂以及开挖深度≥ 5m 的基坑，但是随着近年来，工程界达成的共识，工程界将开挖深度≥ 1.5m 的基坑统称为深基坑工程，深基坑是建筑物建设的基础，其施工质量的好坏与建筑物建设的稳定性和耐久性具有直接的影响关系，但是，随着基坑施工环境的日益复杂以及基坑开挖深度越来越深，再加之其在开挖施工过程中易受到基坑土体中含水量、气候、风以及基坑土方边附近堆放荷载等因素的影响，常易发生基坑支护变形或结构不稳等问题，进而难以保证基工程的质量与安全，为此，在深基坑开挖施工中，需采用有效的安全控制措施，才能保证开挖施工的安全、顺利进行。

一、工程概况

葵涌街道保障性住房工程基坑支护底面积约为 12412.04m2，基坑支护面积约为 12863.470m2。拟建建筑物 7 栋 18 层住宅，设一层地下层。基坑周长约 470.56m，基坑开挖深度 9.05~10.20 m,基坑安全等级为二级。

本工程承包范围包括:本基坑支护设计图纸范围内的基坑支护及土方挖运。基坑支护包含多个分项工程:灌注桩、三管高压旋喷桩、腰梁、冠梁、预应力锚索、内支撑、土钉、挂网喷射砼等。

在上述工程施工过程中,我们充分对深基坑开挖影响因素进行分析,制定了相应的安全控制措施,取得了良好的施工效果。

二、深基坑开挖过程中影响基坑稳定性的因素分析

深基坑开挖后常会出现基坑滑动失稳现象,造成这种现象的根本原因在于基坑土的抗剪强度小于边坡土体中的剪应力,而土的抗剪强度是由其内摩阻力和内聚力构成,为此影响土体中内摩阻力和内聚力的因素也会对土方边坡的稳定性造成一定的影响。在实际开挖过程中,影响土体中剪应力的常见因素有含水量、气候、风以及基坑土方边附近堆放荷载等,土层中含水量过高,受水分的浸润作用会导致土体的内摩擦力降低和增大土体自重,这样便易导致土体产生裂缝;气候、风等因素会影响土质的疏松程度,进而使土体的抗剪强度降低;土方边附近堆放荷载会促进土体内的剪应力增大,可见影响深基坑开挖稳定性的因素有多种,为此,在进行深基坑开挖时就必须依据各影响因素采取有效的安全控制措施。

三、深基坑开挖过程中的安全控制措施

合理控制土体内含水量。造成深基坑失稳的重要危险因素为土体内含水量过高,为此,在进行深基坑开挖前,需做好基坑工程土体内的含水量检测,为对坑内土体进行疏干加固,还需进行有效的降水处理,基坑降水可采用两种方法进行,一是采用井点降水,沿基坑中心及四周"田"字分布真空泵机进行抽水,并根据降水管平面布置图测放井位,使基坑内的降水量低于 8.4m。二是进行集中降水,在基坑坡顶(坡度0.2%)排水结合场地四周砌筑排水沟渠,并将其与市场排水系统连接,然后将临时沉井及排水沟设置在基坑内,进行集中排水,以促进土体的抗剪强度达到最大。在实际开挖的过程中,还需将排水沟设置在基坑边界四周地面,以防止渗水、漏水进入深基坑内。

遵循时空效应原则进行深基坑开挖。处理好基坑土体含水量后,为保证基坑开挖施工的安全实施,还需详细的调查和了解基坑周围建筑物、道路以及地下管线情况,以避免其对基坑开挖造成不利的影响,另外,还需对基坑各侧边的安全等级进行核实,检查与核实无误后,便可进行基坑开挖,在开挖过程中需根据基坑地质条件合

理对开挖方式进行选择,先撑后挖,分层开挖是最常用的开挖方式之一,即先做好锚杆、支撑,再进行下层挖土,切勿超挖,为保证基坑支护结构的稳定以及其周围建筑物结构的安全,在基坑开挖过程中还需尽量降低初始位移,可以分段、分块、分区和分层进行抽槽开挖,开挖时需留土护壁,以形成中间支撑,为减少无支撑暴露时间,还需在后续的开挖过程中使限时对称平衡形成端头支撑,只有对支护墙体开挖部分及每个分布开挖的空间几何的无支撑暴露时间进行掌握,才能对土体自身控制地层位移的潜力进行科学的利用,进而能够帮助施工人员良好的解决基坑开挖变形和稳定性不足等问题。

合理控制基坑边堆放荷载。基坑边荷载是促进土体内剪应力增大和形成堆坑失稳不利荷载的重要危险因素,若其堆放荷载过大或控制不当,则极易导致基坑发生突发坍塌,因此,为降低基坑坍塌事件的发生几率,在进行深基坑开挖的过程中,只可将建筑材料和土方堆置在基坑边缘,施工机械和运输工具只可沿挖方边缘移动,挖方边缘距基坑上部边缘的距离需控制在 2m 以上,且其上面堆置的弃土高度不可超过 15m 以及重量不可超过设计荷载值。若因施工需要将混搅拌机等机械设备设置在坑边时,由于混搅拌机会产生振动,使得粉砂土等土质发生液化,从而导致土体的抗剪强度降低,此时,施工人员需根据基坑实际支护、土质情况以及机械设备的实际重量,重新计算和确认基坑边堆放的荷载。

基坑监测。在进行开挖基坑过程中,要采取措施,对基坑进行监控,对支护体和附近的环境,按设不同的监测器,检测各种指标。

变形监测从土方开挖开始至基坑回填后结束,变形点及沉降点沿基坑边线每隔约 25m 设一点,施工前所有沉降点应做检测记录,施工过程中在场地 20m 范围内的沉降点每 2 日检测一次,其余每周检测一次。其当变形超过有关标准或监测结果变化速率较大时,应加密观测,当有事故征兆或遇暴雨时,应连续观测。

建立有效的基坑开挖事故预防措施和紧急救援预案。当深基坑开挖深度超过 2m 时,便会对临边建筑施工作业造成高空坠落的危险,为了保障周围作业人员的安全,需按照临床作业和高空作业要求,及时将双道防护栏杆设置在基坑开挖工程周围,并挂设安全立网,另外,还需设置专用的安全通道供作业人员上下基坑,严禁其对基坑支撑系统或模板进行上下攀爬。除了上述控制措施,在实际的基坑开挖施工中还存在暴雨、台风等气象环境对基坑围护结构的影响,这些因素具有可变性,并不能按照特点的参数对基坑开挖工程施工的安全性进行判断,为此,也易导致基坑支护发生变形或失效,轻则是导致基坑自身支护结构发生变形,重则将会导致基坑支护发生坍塌,进而酿成严重的基坑开挖安全事故。基于深基坑开挖作业施工具有一定的特殊性,作业人员还需重视基坑工程施工中的实际动态变化,对开挖施工过程中易发生事故的部位和可能存在隐患的施工点制定有效的安全防控措施,首先,需认真辨识基坑开挖施工中的重大危险源和对潜在的危险因素进行确定,然后再根据探寻到的危险源或因素制定相应的预防措施以及建立专业的基坑事故应急救援预案,预案中需针对基坑开挖施工过程中存在的重大危险源及基坑事故发生的特点,建立项目部和指挥部等应急救援体系,以便在基坑事故发生时,能快速组织应急救援队伍抵达事故发生现场对基坑事故进行有效的抵御和安全救援,不仅能有效控制基坑事故灾害的蔓延,同时还能降低基坑事故带来的环境破坏、财产损失和人员伤亡等不良后果。

深基坑支护系统在建筑物建设施工中具有重要的作用,只有保证基坑自身的结构稳定性和安全性,才能为建筑物提供更好的支撑,然而,由于深基坑施工开挖自身具有一定的特殊性,再加之其施工易受到多种内部和外部因素的影响,为此,在实际施工过程中,施工人员需做好有效的安全控制措施,如合理控制土体内含水量、遵循时空效应原则进行深基坑开挖、合理控制基坑边堆放荷载以及建立有效的基坑开挖事故预防措施和紧急救援预案,这样不仅能保证深基坑的土体中剪应力增大和基坑支护能力提高,同时还能有效防范基坑坍塌安全事故的发生,进而保证基坑施工的健康、良好运行。

第二节 深基坑开挖安全技术措施分析

深基坑施工是现代建筑建造的首要工作,安全技术是提高工程质量,降低施工事故的重要保障。文章就某市商业写字楼建设项目中深基坑施工过程进行研究,分析深基坑开挖施工过程中的安全隐患,并对本次工程采用的安全技术措施进行了总结和分析。

深基坑开挖工程的工作内容包括:降水排水、土方开挖、基坑支护、临边防护等,施工过程受周围建筑物情况、土质环境、地下水情况等影响,危险性较大。科学的施工方案、合适的施工技术和材料选择是保证施工安全的重要内容。本节通过介绍某市高层商业写字楼的深基坑开挖工程,对开挖技术和安全措施进行研究和讨论。

一、工程概况

该工程处于商业广场,沿路分南北两个区域,南北两边各建一栋主楼38层的商业写字楼。南区南北方向长 80 m,东西方向长 70 m,主楼基坑开挖深度初定为 14 m,楼裙为 12.6 m,电梯井为 17 m。周边建筑物与规划红线接近,地下管线错综复杂,对工程基坑开挖可能引起的地层变形移动十分敏感。基坑北面距离地铁较近,对基坑支护结构的设计选型和安全实施要求严格。根据周边环境本工程基坑围护结构选用 80 cm 厚的地下连续墙,支护结构选用五道钢筋混凝土水平支撑,以满足整体结构稳定的要求,确保开挖施工可能产生的地层变形不影响周边建筑物结构和地下管线的正常使用,以及地铁的正常运行。

基坑围护结构即地下连续墙,其矩形槽段单幅面宽 6 m,北侧墙深 26 m,另外三侧墙深均为 23.6 m,混凝土强度等级为 C35,钢筋 I、II 级,分段纵向接头型式为锁口管,在顶部用钢筋混凝土浇注帽梁,整个地下连续墙连成整体。在基坑内设置五道钢筋混凝土作为支撑,采用 C30 混凝土,I、II 级钢筋。中心标高自下而上依次为 -13.1 m、-9.5 m、-6.4 m、-3.5 m、-0.6 m。整个基坑平面以边角框架为支撑,中部留出空间进行挖土操作。支撑梁截面有两种,分别为 1 200 mm × 600 mm、1 600 mm × 600 mm;围檩的截面有两种,分别为 1 600 mm × 600 mm、1 200 mm × 600 mm;顶圈梁截面有一种,为 1 100 mm × 600 mm。立柱由 500 mm × 300 mm × 12 mm 钢板与 L160 × 160 × 16 角钢焊接而成,柱基采用钻孔灌注桩。基坑四周则采用深层搅拌桩,加固深度 5 m,宽度 8 m,以增加土体的被动土压,防止墙底脚连续变形,进而影响周边建筑物和地下管线。

该工程的地下水位偏高,为 -0.5 m,土质为淤泥质土体,施工前必须采取降水措施。根据地下连续墙挡水抗渗性能,本次工程采用深井井点降水方法。按半径为 10 m 的平面进行排列布置,井深自基坑底向下深 1 m,共布置管径 250 mm,深 19 m 的降水深井井点 23 根。施工作业时将基坑土体分为五层:第 1 层开挖时,自北向南后退挖土;第 2 层开挖时,划六个区域待第一道支撑混凝土的强度达 70% 以上后,分区挖土,同时构筑第二道支撑;第 3 层开挖时,待第二道支撑混凝土的强度达 70% 以上后开始,以中区为平台同样分区挖土,并构筑第三道支撑;第 4 层开挖时,待第三道支撑混凝土的强度达 70% 以上后开始,利用中区平台分区进行挖土,及时清理基底并浇捣达到标高的底板,并构筑第四道支撑;第 5 层开挖时,待第四道支撑混凝土的强度达 70% 以上后开始,这一阶段挖除中区平台,同时配合克林吊在基坑四周挖土,达到基底标高后清理剩余的两侧地库底板,再构筑第五道支撑。整个基坑开挖过程分为四个阶段:第一阶段,开始挖土至第二道支撑底的挖土施工完成;第二阶段,第二、三道支撑浇筑完成;第三阶段,第 4 层土体开挖并完成第四道支撑;第四个阶段,挖土施工完成并进行底板浇筑。

二、安全隐患分析

在本次工程施工开始前,周围建筑已经建成在用,地下管线复杂,施工区域北侧的地铁已经开通运行。基坑开挖可能会造成地层变形,在挖土过程中地下连续墙如果发生位移,可能会对周边建筑物的结构稳定性、地下管线的正常使用产生影响。另外,施工区域土质含水量高,地下水位较高,进行深基坑开挖施工可能会发生沉降问题。施工前需要利用各项监测技术测量、核实实际数据,对地质条件进行精确测量,并根据地质条件认真分析施工计划,选用恰当的施工技术,制定科学有效的措施,尽量减小对周围土层的影响和破坏。

在基坑开挖后,随着基坑深度的增加,围护结构周围土体逐渐由静止土压状态转变为被动土压状态,围护结构荷载发生变化,墙体可能发生变形。围护结构变形又会使坑内、外土体在压力作用下发生位移。围护结构内侧水平位移会导致基坑水平应力减小,土体出现塑性破坏,严重时可引起土层沉降。如果在施工过程中围护结构的内侧出现渗漏水,会导致外侧土体流失,增大土层位移,影响周围建筑物结构的稳定性。

三、深基坑开挖安全技术措施

基坑降水及排水控制措施。基坑内降、排水施工是控制施工环境的重要手段。为防止施工过程中出现基坑变形、淹溺、触电等事故,安全负责人需对基坑内水位进行严格控制。不同土层的土质特点不同,在进行排水施工时要根据具体情况,使用合适的材料。在进行地下连续墙施工前完成降水井建造。整个施工过程都要对基坑降水工作予以重视。根据施工区域地质条件,本次工程采用了深井井点的降水方法,设置了降水井井点 23 个,在各土层开挖前均进行了降、排水控制。

挖土施工前需要进行的是抽水试验:待地下连续墙槽段施工完成后,对基坑范围内的降水井进行抽水试验。首先,将基坑内水位降至最大水头标高处,检测地下连续墙槽段的封水效果;然后,对基坑围护结构的受力变形情况、周围土体和水位数据进行监测。基坑内如发生渗漏,可对检测数据进行分析,确定渗水位置,采取应急预案进行补救,补救施工完成后重新进行抽水试验。

在抽水试验后,为保证基坑开挖过程中施工环境的干燥,需要在开挖前通过降水井对基坑内地下水进行降、排水施工。在降、排水施工中要保证基坑内水位始终在开挖面下 1 m,随着开挖深度下降,逐阶拆除降水井,井口高度保持在开挖面上 1.5 m。

排水管绕过施工平台、帽梁,沿基坑内沿进行布置。另外,可在基坑内淤泥质土层位置开挖若干集水坑,再用潜水泵抽排坑内积水。

基坑围护结构及基坑底部控制措施。本次工程基坑围护结构采用地下连续墙结构,对地下连续墙结构的控制主要包括两个方面:接缝处的防渗处理和局部缺陷处理。地下连续墙接缝处的防渗处理:开挖之前,在地下连续墙施工完成后,利用预先掩埋的注浆管对墙体的各个槽段进行超声波检测。根据检测结果,找出薄弱环节,及时处理;在开挖过程中,如果地下连续墙接缝处出现槽段错位、连接不良等问题,可采用高压喷灌浆方法对薄弱部位进行补救。地下连续墙局部缺陷处理:在基坑开挖的施工过程中,地下连续墙的局部缺陷导致渗漏,可根据渗漏情况选择应对措施。渗漏水量小时,可在基坑内对墙体进行高压注浆;渗漏水量大时,需要在基坑外进行钻孔,使用注水玻璃溶液对渗透部位进行化学注浆。

基坑底部安全技术措施主要是指对涌水问题的处理。地质情况越复杂,施工风险越大。本次工程虽然进行了科学分析和方案设计,但是仍无法规避基坑底部涌水的问题。针对基坑底部涌水问题,可采用的应对措施包括:基底注浆,通过化学注浆的方法采用高压水玻璃溶液对基坑底部进行注浆封堵;增加集水坑数量和尺寸,提高基坑内抽排水速度;加快垫层施工,缩短封底时间。

基坑临边及通道安全措施。由于体育活动需要场地与体育器材,就需要具备一定经费的投入,只有在体育方面进行经费的投入,幼儿园才能进行体育活动。经过对成都市龙府幼儿园的调查,发现幼儿园的体育方面的经费一般来自政府的投入和自筹,而幼儿园在体育方面的经费与幼儿园的类别有非常大的关系,成都市幼儿园在体育活动经费的投入方面出现不均衡的情况,一些民办幼儿园由于体育方面的经费不足,导致活动场地和体育器材都出现短缺的情况,这种情况的出现导致幼儿健康教育方面的目标很难完成。

施工设备及人员安全控制措施。工程基坑开挖以机械为主,采用人机联合作业。合理选择和安置设备,科学安排施工人员是工程顺利开展、完成的基础和保障。例如,本次工程投入的起重机包括门式、塔式、履带式三种,每种起重机所需的地基承载力各不相同,应用于挖土工程的不同阶段。要想用好这三种起重机,施工人员不仅需要熟悉起重机的使用条件,而且要对不同阶段施工环境进行准确测量和把握。

工程施工设备种类多,数量大,施工范围广。要保证工程的顺利竣工,必须重视施工设备的安全控制。首先,对各类设备进行测算,确定每台设备的施工条件,并将各设备合理安排到各施工环节中;其次,做好设备维护和检查。专门设置设备检修和维护人员,定期对每台设备进行保养维护。在使用前,对每台设备的各个工件都要进行检测,确保施工过程中设备能够正常、准确、灵敏、可靠地运行;对设备的使用、存放、检修等都要有详细的记录,设备交接时需对工件情况、运行情况进行检查;另外,设备操作过程中需严格遵守操作规程。

施工人员的安排,不仅包括技术人员、后勤人员、安全技术人员等工作位置和工作内容的设置,而且包括施工过程中各工种的配合,每人应完成的工作任务和应承担的安全责任等。例如,在施工期间,基坑开挖进度主要依赖机电设备的运行情况。在这一时期,设备操作人员和维护人员的工作安排必须与工程进度和设备情况相配合,保证设备的正常运转使这一工程阶段顺利完成。另外,一些特殊设备需要特种作业人员,相关工作人员必须具备相应的技术素质、应变能力。同时,要明确各工作人员的岗位责任,强化工作人员的责任意识。

在复杂的城市环境下深基坑开挖工程面临诸多难题,在施工前应根据周围建筑物情况、地质条件等实际问题,充分做好防排水施工安排、设备安置、应急预案制定等工作。科学的数据分析,恰当的施工方案,完备的安全技术,是本次工程成功完成的基础和保障。

第三节　深基坑开挖的质量及安全管理

某建筑工程占地面积约为 6507m2,总建筑面积约为 12.65 万 m2,属于深基坑工程,基坑开挖深度为 8.83 ~ 10.79m,开挖长度和开挖宽度分别为 263m 和 58m。工程项目位于城市主干道一层,南侧属于居民区,基坑与居民楼之间的最近距离为 5.65m,东侧有一综合性办公楼,总高度为 50.2m,距离基坑最近距离为 6.2m。为确保施工质量和安全,必须加强对深基坑开挖作业管理力度。

一、深基坑特征

深基坑开挖作业一般体现出以下几个显著特点。第一,复杂性。深基坑开挖受地质条件、管线分布、周围建筑、天气气候、交通管制等众多因素的影响,工程易发生变化,整体施工情况较为复杂。第二,临时性。深基坑支护通常都属于临时性结构,所投入的资金有限,安全性较低,存在较大的风险问题,安全事故发生概率较高。第三,区域性。深基坑开挖与现场地质条件和水文环境有着直接关系,支护形式也需要结合工程实际情况做出最佳选择,即便是同一地区也会有所差异。第四,时空效应性。深基坑开挖作业过程中,支护结构在不同时间段和不同空间结构下的受力情况是不一样的，开挖尺寸、开挖时间、开挖方式及土层蠕动等，都会对其造成影响。这些都是深基坑所具备的特点，决定了其开挖难度较大。

二、深基坑开挖施工管理现状

基于深基坑所体现出的特点，必须提高对施工管理的重视力度，但是就当前实际管理情况来看，仍存在较多突出问题有待解决。首先，在施工勘察阶段，勘察点设置不合理，难以保证所得全面、详细的勘察资料，甚至个别施工单位没有针对深基坑开挖制定专项设计方案。其次，深基坑开挖作业过程中，监理工作不到位，没有严格把关勘察结果、设计方案、施工计划，不具备全程监理意识，无法及时掌握开挖作业动态情况。另外，没有根据工程规模及施工环境科学设置变形观测点，不能准确把握支护结构的受力特征，也无法及时获取有效监测数据，存在较大安全隐患。再者，深基坑开挖作业管理体系不完善，施工现场比较混乱，缺乏科学管理和有序组织，存在盲目作业行为，材料和设备乱丢乱放，安全防护措施不到位。这些都是现阶段深基坑开挖施工管理中不足。

三、深基坑开挖质量及安全管理对策

在深基坑开挖过程中，应从以下几方面，立足于工程实际，落实好质量和安全管理工作。

（一）施工准备

在开展深基坑开挖作业时，应先做好施工现场勘查，获取地址条件、水文环境等较为全面、详细的资料。然后对图纸进行审核并完成技术交底，相关人员熟悉完图纸后，应提出合理化意见，一同对设计图纸进行优化和修正。同时，要根据工程量、施工要求，制定切实可行的施工方案和施工组织计划，尤其要注意关键工序和特殊工序，设置施工控制目标，对资金、人员、材料、设备等做出合理化配置，保证施工进度。另外，明确施工程序以及各专业工种之间的配合关系，做好分工合作，落实管理责任，实施层层交底，并将书面交底存档。

（二）土方开挖

土方开挖之前，需要通过定位放线确定其长度和宽度。该工程使用反铲挖土机进行开挖作业，开挖深度为 5.5~6.7m，开挖量较大且工作面集中，采用分层方式由北向南推进，同时采用人工作业方式处理边角土方。为方便土石方输送，施工现场设置了宽度为 6m，坡度为 12%~15% 的斜坡作为运输通道。在地下水位以下挖土时，应采取降水措施,包括排水沟和集水井,当水位低于作业面50cm后才可继续施工。开挖作业时为控制标高应及时复撒灰线;作业时需做好记录工作,积累施工资料,包括施工日记、验线记录等,并在换班时进行交接;时刻监测平面控制桩、基坑平面位置、水准点、水平标高、边坡坡度等,确保施工安全;及时跟进浇筑砼垫层,保护好成品;做好边坡和周围建筑物监测,当发现出现变形或下沉现象时,应及时采取针对性防护措施,保证施工安全。

(三)基坑排水

深基坑开挖过程中,应尤为重视防水和排水工作,该工程地下水较少,采取排水措施时主要考虑地表水。首先,先在基坑边坡上方用混凝土制作保护层,厚度为10cm,将排水沟设置规格为400x400的排水沟,避免地表水冲刷基坑,另外,基坑上部开口处,应在周围设置截水沟和土堤,积水较多时及时用水泵抽排水管道。同时还应该针对渗水现象采取有效处理措施,渗水较少时,进行修补即可,所用材料为水泥砂浆和水玻璃;对于局部渗水较多情况,可利用引流管将渗水导入排水沟;出现大面积渗水时,在进行钻孔作业,采取压密注浆法进行止水。

(四)安全管理

为保证深基坑开挖安全,必须做好安全技术交底,提高施工人员对工程的认识,并强化安全意识;施工单位应落实好工人的安全教育工作,严格要求施工人员按照安全技术措施标准进行操作。另外,应加强安全检查力度,对施工现场进行每日巡回检查,掌握施工动态,发现问题时及时整改;并对施工临时用电、施工机具等设备进行检查,保证其正常使用。

在城市化建设进程不断加快背景下,深基坑工程数量随之增多,且开挖规模也变得越来越大,这对施工质量和安全管理提出了最高的要求。在实际作业过程中,应充分掌握深基坑的基本特征,根据现场作业环境和施工条件,借鉴以往工程经验,制定科学、合理的深基坑开挖方案,做好支护和排水工作,并时刻监测支护结构的受力情况,加强对深基坑开挖质量和安全的管理力度,确保施工的安全、有序进行。

第四节 深基坑开挖工程的质量监督管理

我国房地产行业发展迅速,基础设施建设规模越来越大,深基坑开挖施工环境复杂,技术难度较大,要求加强质量监督管理。对此,本节首先对房屋建筑中深基坑开挖工程的质量监督管理的重要性进行介绍,然后对质量监督管理的影响因素以及优化对策进行详细探究,以期促进房屋建筑工程深基坑开挖施工质量的提升。

现如今,城市化进程不断加快,而土地资源紧缺问题越来越严重。在房屋建筑工程施工中,需要对土地资源进行在开发利用,施工环境复杂,尤其是在地下工程施工中,需要对基坑开挖进行科学合理的设计,并加强施工过程监督管理,避免在开挖施工中造成严重事故,保证项目建设的顺利进行。因此,对房屋建筑工程深基坑开挖质量监督管理要点进行深入研究迫在眉睫。

一、房屋建筑中深基坑开挖工程的质量监督管理的重要性

房屋建筑工程深基坑指的是,在确定基础设计位置的基础上,根据基地标高以及基础平面尺寸所开挖形成的土坑。在不同施工环境中进行深基坑开挖时,水文地质条件、基坑内部构造等均有一定的区别,因此需应用的施工方式也有所不同,在进行深基坑支护体系的设计以及施工过程中,均应注意坚持因地适宜的原则,保证施工质量。对此,在进行房屋建筑工程深基坑开挖施工过程中,必须加强质量监督管理,采取有效的管理措施,保证项目建设的顺利进行。

二、房屋建筑中深基坑开挖施工复杂性影响因素

(一)基坑开挖人力因素

在深基坑开挖施工中,人力因素的影响比较大,设计人员需要提高对于房屋建筑工程施工环境的认识度,并对设计图进行仔细分析。另外,施工人员、安全管理人员以及建立也需要对设计图以及施工操作方案进行仔细分析,避免任何环节出错,影响基坑开挖施工。

(二)水文地质的影响

水文地质对于深基坑开挖的稳定性会产生较大影响,在降水或者排水的影响下,局部地下水位下降,土层压实度增加,容易造成地表发生不均匀沉降。如果地下水下降,则会增加地基基础重量,一般对于地基基础的影响比较小,但是,如果压缩层下降,则会造成压缩层以上的岩土重量增加,容易造成地基基础沉降,导致房屋建筑工程发生变形破坏。对此,在房屋建筑工程深基坑施工中,必须高度重视水文地质对于基坑开挖施工质量的影响。

(三)地下管线的影响

随着城市化进程的不断推进,基础设施建设项目逐渐增多,地下管线敷设种类和

数量也随之增加,比如煤气管道、供热管道、雨水管道、电力电缆、通讯光缆等等。在房屋建筑工程深基坑开挖施工中,如果基坑底部隆起,或者支护结构发生位移,则会造成基坑外地层发生沉降变形,进而造成地上管线也发生一系列连锁反应,如果超过其承受限定,则会造成严重破坏。

(四)噪声安全的影响

在房屋建筑工程深基坑开挖施工中,在机械设备掘土、碾压等施工环节,会产生巨大振动以及噪声,这样就会造成地表层面不同程度的敏感,导致房屋建筑工程地基发生不均匀沉降。

三、房屋建筑中深基坑开挖工程的质量监督管理要点

(一)前期工作筹备

在房屋建筑工程施工前期,建设单位应向项目建设其他参建方详细介绍工程设计图纸以及施工方案,同时各方需要进行沟通交流,判断在施工过程中可能会遇到的安全事故和质量问题,并确定各个单位的意见。

在深基坑施工中,可能会对周边道路工程、地下管线、建筑工程造成不良影响,对此,需对施工现场进行测绘和拍摄,详细记录现场资料,并且安排具有一定资质的机构对变形量进行监测,对安全性能进行评估,并出具完整的评估报告。

(二)勘察、设计过程

在房屋建筑工程深基坑开挖施工钱,勘察单位应严格依据相关规定对项目建设区域进行勘察,对勘察结果做好整理,判断施工区域地质条件是否符合相关要求。在深基坑开挖施工中,如果出现异常情况,则勘察单位应做好配合勘察工作。

在深基坑开挖施工中,需根据深基坑安全等级确定沉降、水平位移以及结构变形的允许值,并且对于施工设计组织方案、监测内容、开挖流程等都需要明确要求。

在对设计图纸进行会审时,对于各个单位所提出的问题,应组织各方进行商谈,并做好详细记录和保存。在图纸会审纪中,需要对施工图进行补充修改,尽量减少在施工过程中对施工方案进行修改或者变更。在房屋建筑工程验收和交接中,对于图纸会审纪,需纳入档案中进行保存,便于后期查阅。

(三)工程施工监测

在房屋建筑工程深基坑开挖施工前,建设单位可委托具有一定资质的第三方监测机构对开挖施工过程进行监测。监测单位需综合考虑深基坑开挖施工环境、设计

文件要求、水文地质条件等因素，制定完善的监测方案，在获得建设单位以及监理单位的许可后，即可执行监测方案。

在进行深基坑开挖施工过程中，如果需要对设计图以及施工方案进行变更，则应该组织各个单位进行科学研究，然后对监测方案进行调整。对于监测所得结果，应及时汇报给相关单位，如果发现报警值，则应立即采取应急预案，及时排除安全隐患，保证深基坑开挖施工的顺利进行。

有些深基坑开挖施工项目的规模比较大，危险性较高，对此，项目负责人、技术负责人、勘察人员、设计人员等均应参加专家论证中，对专项施工方案的完整性和可行性等进行论证分析，及时提交论证结果，并对专项方案的修改提出指导性意见。

在房屋建筑工程深基坑开挖施工中，为了保证施工质量以及施工安全，应重点加强对于施工难点、施工重点、容易忽视部位的质量监控管理，采取有效的监督管理活动，监督施工单位是否严格依据操作规范、技术标准、设计图纸、施工方案等组织施工，及时发现并纠正不规范施工行为。

（四）施工、监理过程

在具体的施工过程中，施工单位应安排专人在施工现场对深基坑施工方案的落实情况进行监督和检查管理，如果发现异常数据，则需立即停止施工，组织技术人员查明原因，结合实际情况制定解决方案，然后再施工。另外，在深基坑开挖施工过程中，还应将深基坑设计文件以及施工标准作为依据，对项目建设质量进行检测和验收。

（五）深基坑后期使用的监督管理

在房屋建筑工程深基坑施工完成后，还需要对深基坑后期使用效果进行检查验收，具体内容如下：对已完成设计内容、施工技术资料等的完整性进行检查；对施工现场支撑结构的拆除情况、监测结果进行检查。在具体的检查验收过程中，要求各方参与单位均应积极参与其中，对于验收结果做好详细记录。另外，建设单位负责人在对深基坑后期使用情况进行验收的三个工作日内，将验收资料和审查结果汇报给质监机构，然后由质监机构对深基坑工程质量验收结果进行监督。

综上所述，在房屋建筑工程深基坑开挖施工中，容易受到各类因素的影响，比如施工技术水平、不良地质、施工方案等等，对此，必须加强施工质量监督管理，做好前期工作筹备，对勘察、设计、施工以及验收过程进行监督管理，保证深基坑开挖施工的顺利进行。

第 九 章　深基坑工程管理

第一节　深基坑施工管理及控制

随着社会的不断发展，地下空间利用方式有了进一步的突破。尤其是深基坑建设工程，得到了人们的广泛关注。为了能够使施工管理更符合当前的社会要求，提升控制手段，摆脱原有设计、施工方法的桎梏，工程技术人员要积极对相关理论进行深入研究，以增强基坑施工的科学行、可行性、经济性为目标，实现建设内容的创新。因此，本节从深基坑工程的特点入手，对其施工管理及控制方法进行探讨。

近年来，随着人们的生活水平越来越高，对居住空间也有了更多的要求，人们逐渐把眼光聚焦在地下空间的开发利用上。而深基坑伴随着高层建筑的飞速发展在各地遍地开花，因此，深基坑施工管理水平的提升至关重要。这种不仅体现在施工方法上，更要突出周边环境的保护，以及设计技巧的增强、风险评估的强化等等。同时，深基坑施工又要结合每个工程的特点对支护结构进行合理设计，从深基坑与整个高层建筑设计及施工的协调、整体规划两个方面体现现代化进程。所以，对其施工管理和控制方法的分析势在必行。

一、深基坑工程的特点

作为高层建筑建设施工的一部分，深基坑工程有着较为突出的特点。主要表现在以下几个方面：

第一，不同深基坑工程的实际情况不一，对其具体要求也不尽相同。例如：工程不同的建设位置决定着其不同的周边环境及工程特点，有些地点的周边环境、水文条件和地质状况相对良好，有利于支护施工的开展及土方开挖。但有些建设地点可能存在周边建筑密集或与邻近建筑距离较小，存在较大面积流沙、较厚的淤泥层、地下水丰沛、邻近河涌等等复杂大的地质、水文条件，会加大深基坑施工管理的难度。以上复杂的工程条件都会对施工工序与方法产生一定的影响，施工管理人员应该以实际情况为准，具体问题具体分析。

第二，工程的综合性强。深基坑建设内容涵盖了基坑支护、土方开挖、排水降水、检测与监测等几个方面,同时与地下室结构施工与周边场地布置紧密相关,是一项系统性非常强的综合体系。

第三,基坑工程设计的理论较多,且每一理论都有着一定的深度并处在不断发展完善中。管理人员要将多种影响因素考虑进去,结合自身的实践经验,进行整体化分析。

第四,风险较高。由于深基坑工程中包括许多建设环节,每部分都有着相对的联系,如果出现事故,后果不堪设想。

二、深基坑工程管理及控制

(一)企业管理控制要点

深基坑工程是一项系统性较强,内容比较全面的建设体系。因此,从管理控制的方法来看,也不是单一的。企业管理这要从多个角度进行考虑,综合建设工程的实际特点,做出最全面的规划。首先,企业应该从施工管理与技术控制两个方面入手。在施工管理方面,管理者要以项目承包队伍的选择作为切入点,指定专业技术性较强,能够将建设理论与实践充分结合的承包商。其次,从技术控制的角度来看,要加强承包单位项目部人员与企业内部之间的联系,将企业的内部资源与市场信息相结合,提升各部门之间的联系,形成全面的控制体系。第二,要在企业内部系形成系统化的管理制度,加强控制环节之间的联系。

(二)项目管理控制要点

项目管理控制也是深基坑施工中比较重要的一个方面。它主要表现在以下几点:第一,实际调查。设计部门在制定图纸的初期应该将实地情况结合进去,对地质条件、水文特点等人文因素及周边环境进行考察。另外,除了自然坏境外,还要对现场施工的利与弊进行充分的把握。

(三)施工过程管理控制要点

施工过程管理控制要点主要表现在建筑手段与技术手段上。第一,要注意支护结构施工的整体规划。例如:加强支护桩、止水帷幕施工的连贯性,在施工期间按照工程顺序进行逐一检查,其中如加强各剖面的施工连贯性、协调支护桩与止水帷幕施工顺序、做好不同剖面交接处的衔接处理等等。另外,施工人员也要进一步提升支护质量,根据总体深度对支护桩嵌固深度及防水接头进行重点监控,确保支护桩的稳固性、止水帷幕两端口的首尾相连性及密闭性。第二,排水、降水工程。一般来讲,排水、降水工程是深基坑施工中必不可少的一步。建设者要根据水体的承压力进行降水井、排水沟及集水井等的设置。而降水井的设置，首先，利用围栏将四周密封，加强坑内土体的强度。这样不仅能够起到外部的保护作用，还可以防止基坑出现变形的情况。

综上所述，本节主要从两个方面入手。首先，阐述了深基坑工程的具体特点。其次，从项目管理、企业控制要点、施工过程管理三部分进行了论述。从而得出：企业管理人员在施工前要对地质、水文及周围环境等进行实际考察，加强项目的技术支持，在确定合理方案的情况下整合控制要点，减少基坑事故的发生，为我国建筑事业的发展与进步创造有利条件。

第二节　地铁深基坑施工管理

地铁项目是一个综合性的系统工程，特别是其中的深基坑部分施工，不仅对技术要求较高、需要大量的投资成本、施工周期相对较长，而且还会受到诸多社会以及自然因素的影响。因此，施工单位以及相关监理单位必须深入分析目前在建地铁深基坑施工中存在的一些问题，加强对深基坑工程施工过程全方位的监督管理，为保证地铁项目的整体施工质量奠定良好的基础。

随着社会经济的快速发展，我国的城市化进程也在不断加快，城市的规模和城市人口数量都有了明显的增长，对于城市的公共交通提出了更高的要求。由于地铁具有运力大、效率高的特点，能够有效缓解城市交通拥堵问题，因此我国很多大中型城市都加大了地铁工程的建设力度。但地铁工程的施工建设对于施工的质量以及技术水平都有较高的要求，特别是深基坑工程，在开挖过程中会受到多种因素的影响，具有较大的风险性，因此无论施工单位还是监理单位必须对深基坑的施工进行全方位的管理。同时，要对目前深基坑施工中的各种现实情况进行全面的分析，并结合本项目的实际特点，制定科学的施工方案，采取有针对性的管理方法，保证施工质量。

一、某地铁工程的基本概况

某地铁工程为上海市轨道交通14号线云山路站，为地下3层岛式车站，本站与6号线云山路站通过连通道换乘。车站位于云山路与张杨路交叉路口的云山路下方，偏道路东侧沿云山路南北向布置。云山路为南北向次干道，红线宽度40m，张杨路为主干路，红线宽度为60m。本工程云山路站周边环境较为复杂。本工程南侧距离运营中的地铁6号线云山路站及区间最近距离38m。换乘通道与3号出入口连接，换乘通道围护距离 6 号线云山路站主体仅 10.1m，距离区间仅 15.8m，且有共同沟及管线需要合建保护。东侧紧邻黄山新城及云山星座苑居民小区，西侧黄山黄鸟市场，且云山路、张杨路交通繁忙，车辆众多。云山路及张杨路地下管线众多，沿道路分布有电力、燃气、上水路灯、污水、雨水、电话、信息等市政管线，云山路北侧有高压线分布。云山路西侧有朱塘浜，朱塘浜距离 3 号出入口风井基坑最近处约 13.6m。

二、我国地铁工程的深基坑施工管理现状分析

（一）管理中可以借鉴参考的经验相对较少

目前，我国在对地铁工程的深基坑施工进行管理时，主要借鉴其他已竣工项目的管理经验，但由于很多工程资料不公开，因此所能获得的风险管理经验和资料都相对较少。

（二）缺乏科学的定量分析

虽然目前在深基坑施工管理中总结出了一定的经验和相关的参数，但主要还停留在定性分析方面，而在施工管理的定量分析方面还存在很多不足，无法为其他深基坑施工管理工作提供更加科学准确的参考依据。

（三）欠缺风险管理方面的经验

我国目前在地铁工程深基坑施工中缺乏风险管理意识和相关机制的建设，不仅缺乏实际的风险管理经验，也缺乏对动态数据的分析，因此难以对深基坑施工中的风险因素进行科学准确的分析。

（四）没有针对深基坑施工建立完善的管理机制

目前，国家相关部门虽都针对地铁深基坑工程出台了一些施工管理指导性规定，然而这些规定的可操作性还较差，特别是对于施工中的风险管理还没有统一规范的具体内容和操作流程，影响了深基坑施工管理的有效性。

三、加强施工管理的有效途径

（一）对深基坑工程中存在的风险因素要进行科学的分类

对深基坑施工管理以及风险分析需要施工单位、监理单位与设计单位等多个部门共同参与。深基坑在施工中主要存在主观因素以及客观条件这 2 方面的风险来源。其中，客观风险因素主要是复杂的地质水文条件以及周边建筑和地下管线的影响等。例如，本节所述的深基坑工程中，第 1 层填土的土质松散，成分较为复杂，上

部以碎石、碎砖等为主，局部地段下部为黏性土，且局部区域有暗浜或填土过深，填土较厚区域或暗浜须加强围护。此外，由于周边环境比较复杂，地下还存在障碍物以及地下管线，需要物探和清除。而主观方面的风险则主要包括施工单位的组织管理制度是否健全，人员教育培训和现场安全技术交底是否到位等。

（二）科学分析施工风险，采取有效的防范措施

1. 地铁深基坑围护结构及支撑结构施工管理中的风险防范

为了保证深基坑施工的安全，需要通过围护结构对基坑施工主体的荷载以及土压力进行支撑，从而保证深基坑施工的顺利进行。因此，施工单位应根据工程的具体设计要求选择相应的围护结构。本工程主体结构基坑开挖深度达 25～26m，基坑围护结构为地下连续墙加钢筋混凝土支撑及钢支撑的支护形式。同时，支撑形式采用了北端头井沿基坑深度设置 8 道支撑，其中第 1 道、第 5 道支撑为混凝土支撑，其余支撑为钢支撑。标准段沿基坑深度设置 7 道支撑。南端头井沿基坑深度方向设置 8 道支撑，结合中一层板、中二层板框架逆作。

在围护支撑结构的施工管理中，监理要重点加强对支架安装施工的质量控制。

要按照施工单位编制的支护方案对支架质量进行检查，应根据设计要求对支架的材质、直径、壁厚、顺直程度、焊接质量、螺栓的紧固度以及活络头刚度等各项参数分别进行详细的检查，严禁在施工中使用质量不合格产品。在支撑结构安装施工时，则应检查是否保持顺直，以确保支撑结构的受力能力。

还要对接头位置的牢固性进行监督管理，要保证接头的强度以及刚度达到设计要求。此外，应随时对油泵校验进行监督，保证油泵运行的稳定性。还要对所有支撑结构进行预应力检查，并详细记录相关数据。如果支撑结构的支撑应力或形变不符合设计要求时，监理应及时要求施工单位整改或返工，恢复正常后方可继续施工。

2. 在地铁深基坑开挖土方施工管理中的风险防范

在深基坑工程的开挖土方施工管理中，要对施工过程采用分解控制的方式，详细制定各段方案以及施工时限，通过对空间以及时间的量化控制来提高施工的有序性。在施工过程中，管理人员要根据具体的开挖任务，对施工机械以及人员进行科学的调配，并做好技术交底工作，确保所有施工人员都能充分掌握施工技术要点，提高施工的效率和各工序衔接的连贯性。监理人员则应在开挖过程中密切关注监测数据的变化情况，一旦基坑的形变参数较大或出现异常等紧急情况时，要及时会同相关单位启动应急预案采取措施。施工中应尽量缩短开挖施工时间，减少形变累积，确保开挖施工的安全。

3. 基坑降水的施工管理

基坑在施工时如果不能有效降水，就会使基坑的开挖作业难以顺利进行。因此，必须在基坑中设置管井设施，从而构建其排水系统。本深基坑工程设置了疏干井59眼，减压井7眼，坑内观测井兼备用井5眼，坑外观测井兼回灌井9眼。在施工管理中要重点关注围护支撑结构发生渗漏的问题。一旦发现渗水，即使漏水情况比较轻微，监理人员也要立即要求施工单位采取措施，避免进一步恶化，威胁深基坑工程的稳定性和安全性。

4. 在施工现场深基坑施工的监督管理

监理单位在对深基坑施工现场进行质量监督时，应从以下几方面重点进行管理控制，一旦在监督管理过程中发现风险因素存在，监理人员应立即要求施工单位采取控制措施进行整改或返工。

要根据支护设计对支护结构进行检查，保证安装施工以及实际的结构成型与设计图纸相符，还要对基坑的分层厚度、开挖长度以及所有支锚的布置进行检查，确保其符合设计要求。

对深基坑内部施工进行管理监督时，应做到以下检查：

（1）重点检查基坑内是否存在管涌、漏水、流砂或涌突等问题，以及基坑的边坡支护是否存在裂缝。

（2）在施工管理中加强对深基坑工程周边情况的监督，密切注视周边的建筑、道路是否发生位移或沉降，以及相邻的地下管线及设施是否存在泄漏或破损的情况等。

（3）检查基坑壁有无漏水问题；深基坑内外是否按照设计要求设置了各种排水设施，排水设施是否能够正常发挥功能；基坑防护墙后的土体是否存在滑移、裂缝或沉降问题等。

（4）对深基坑实际开挖的土方量以及开挖范围进行检查，避免发生超挖现象。

（5）根据设计标准对深基坑顶以及其周边地面的堆栽进行检查，避免超载。

（6）对深基坑施工的各种监测设备进行检查，确认监测点和基准点设置的合理性，以及相关设备的完好性。

近期，省委书记娄勤俭在全省宣传思想工作会议上强调，"要着力增强江苏文化影响力，努力构筑思想文化引领高地、道德风尚建设高地、文艺精品创作高地，推动宣传思想工作走在前列，为全省高质量发展提供坚强有力的思想保证和精神支撑"。近年来，靖江市以培育和践行社会主义核心价值观为主线，以涵养文明为导向，在全市广泛开展"文明养成""文明守望""文明熏陶"系列教育活动,着力提升市民文明素质和社会文明程度,让创建全国文明城市的过程,成为践行靖江品格的过程,成为提振靖江精神的过程,成为升华靖江文明的过程,为共建美好家园提供强大精神动力和道德滋养。

5. 在深基坑施工中要积极运用信息化的管理方式

地铁深基坑工程在施工管理中应积极运用现代化的技术,对施工进行信息化管理,这样才能通过对作业现场以及周边环境的实时监测来及时获取动态信息,从而对施工现场进行全方位的监督管理,准确判断基坑及边坡状态和结构的稳定性,为后续施工安排提供科学的参考依据。

地铁项目建设是一项综合性很强的系统工程,其中深基坑施工是地铁建设中的重要组成部分,对施工技术水平以及施工过程的组织管理都有较高的要求。因此,施工单位和监理单位要高度重视深基坑施工质量,积极借鉴国内外比较成熟的先进管理经验,对目前深基坑施工中存在的主要风险因素进行科学的分析,结合本工程的实际情况制定有效的风险防控措施,不断提高施工技术和管理水平,保证深基坑施工的安全,为提高施工的质量奠定良好的基础,推动我国城市公共交通事业的迅速发展。

第三节 深基坑支护施工技术管理

一、深基坑支护的作用

工程项目的建设对于土地资源的需求比较大,为了能够确保建筑企业的健康可持续发展,并且获取更高的经济收益,就需要强化土地资源的使用效率。土地资源的充分利用能够促进建筑工程项目的发展,并且满足持续发展的战略理念。在开展建筑工程项目的施工作业的时候,需要仔细观察建筑物周围的环境,并且做好周围生态环境的保护工作,以免污染对居民的生活产生影响。随着对深基坑的要求不断增加,深基坑的深度也逐渐提升,土方开挖面积也越来越大,开挖工作难度也随之上升,怎样才能够顺利落实深基坑支护技术已经成为了人们需要重点关注的问题。

二、深基坑支护施工技术管理情况的现状

尽管我国的深基坑支护技术起步较晚,并且仍然存在着很多不足之处,但是,在建筑行业长期发展的时代背景下,已经逐渐形成了满足我国发展现状的施工体系,深基坑施工在建筑工程项目中的使用已经越来越普遍,因此,需要按照不同的地理

特征,制定出对应的施工方案。目前,我国深基坑支护技术已经普遍应用到了土钉墙支护以及灌注桩中,在施工中需要根据实际工程项目情况来选择对应的施工方案,以期达到理想的施工效果。在我国建筑工程中,深基坑支护技术所发挥的作用和重要性越来越明显,并且为建筑工程项目的建设奠定了良好的基础。目前,深基坑支护技术作为一项关键的工程,对于维护周边建筑物及环境的稳定性发挥着不可替代的作用。如今,没有其他技术能够替代深基坑支护技术。在开展深基坑施工作业的过程中,可以使用的技术有桩锚结构支护、地下连续墙支护以及钢板桩支护等多种技术类型。目前,钢板桩支护技术作为一种相对普遍的技术形式,该项技术能够有效确保建筑物的质量。钢板桩施工技术的运用,由于其刚度以及强化方面的优势,再加上密封性良好,因此,在使用该项技术的时候需要对周边环境进行勘察。然而,地下连续墙支护技术由于自身的墙体强度不足,缺少一定的支撑力,但是,与钢板桩支护技术相比较而言,支护深度较深,对周围环境的影响也相对较小,深基坑支护技术在发挥一定优势的同时也伴随着相应的弊端,成本的消耗比较大,而且对于施工以及质量的要求都相对较高。

三、加强深基坑支护施工技术有效管理的途径

(一)加大有关建设投资,规范和完善有关制度

在开展基坑支护作业的过程中,为了能够有效保障该项工作的顺利实施,就需要在工程项目的初期设计阶段,深入了解并且详细检查施工现场的实际地质情况,在此基础之上,编制对应的资金预算。在实际落实施工作业的过程中国,对于开展深基坑支护作业所需的资金,相关管理部门应该使用"专项资金"的管理方法,以此来有效保障深基坑支护作业的顺利实施。同时,还需要对基坑施工安全专项计划方案做好严格的审批工作。在具体落实施工作业的过程中,施工方案发挥着科学的指导性作用。但是,目前施工计划方案的编制工作仍然存在一定的不足之处,比例,一些施工单位存在自行编制或者复制计划方案的现象,无法使深基坑支护施工获取科学的指导。对于施工方已经上交的安全专项计划,要求建立工作者做好一系列的审查工作,及时发现存在于其中的不完善以及不合理之处,从而采取恰当的修改意见。

(二)深基坑支护形式的合理采用及建筑施工技术交底

在具体落实深基坑支护作业的过程中,很多支护结构都在基坑中起到支撑作用,如今大多数基坑的安全级别分别是一级至三级,主要有锚拉结构、支撑结构、双排桩结构、悬臂结构以及主体结构,并且对基坑周边环境、基坑深度、地下水条件以及土

壤的特点等使用相应的支护形式。常见的土钉墙支护类型有预应力锚杆、单根土钉墙以及微型桩复合土钉墙等。面对不同的土壤的性质，需要确保其适用的基坑应该超过地下水位。并且，还需要做好施工技术的交底工作，施工图纸也应该立足于专项技术交底工作，在此基础上选择恰当的支护技术，确保工人能够明确施工标准要求，并且掌握支护施工过程中的技术难点以及技术重点。此外，还应该面对可能发生的问题制定对应的应急计划，避免在紧急状态下随意采取一系列措施来降低风险。

（三）加强先进信息技术的科学有效运用

信息技术的科学合理运用，能够有效保障深基坑支护施工作业的顺利开展。主要体现在下述几个方面：（1）使用先进的计算机装备，深入掌握基坑支护过程中地层结构、基坑以及地下水的变化等各项信息，并且了解关键参数的变化，以此来有效保障基坑支护的合理性和安全性。（2）提升工人的能力以及素质。在使用深基坑支护技术的时候，相关施工部门需要运用专业性比较高并且经验丰富的技术工作者，并且还需要具备和信息技术相关的专业知识，运用系统思考来对深基坑支护施工的具体情况进行判断分析。

总而言之，对于建筑工程来说，深基坑支护技术发挥着非常关键的作用，并且对工程项目的建设安全有着直接的影响，是一项基础性的工程项目。尽管目前我国已经得到了充分的发展，但是因起步比较晚，对于深基坑技术的了解仍然不足，因此，各建筑企业需要立足于自身的实际情况，综合制定出相应的施工方案，以此来强化对深基坑支护技术管理工作的重视力度，以期能够确保建筑工程项目管理工作得以顺利实施。

第四节　深基坑工程施工中的风险管理

随着经济的发展和社会的进步，加上国家城市化进程的深入推进，城市建设项目越来越多，给施工行业带来了广阔的发展前景和丰厚的利润回报。作为建筑施工和开发的重要手段，深基坑工程建设项目也逐渐增多，其施工质量日益受到重视。加强深基坑工程施工中的风险来源分析，并采取有效的措施加以预防和应对，能够全面提升深基坑工程施工风险应对能力，进而保证工程施工质量和施工安全。本节对该课题进行了深入分析，并提出了具体的解决措施，仅供参考。

随着城市化进程的加快推进，公众对于城市建设项目的要求也越来越高，国家对于公共基础设施项目建设方面的约束政策也越来越多，从而保证建筑施工项目的安全,延长使命寿命,进而为城市现代化进程有效推进提供重要的基础保障。可以看到随着深基坑工程施工数量不断增加,工程质量和安全已成为永不过时的关注课题,只有牢固树立风险管理意识,才能从根本上杜绝和规避施工过程中带来的各种风险,进而保障施工进度和施工质量。

一、深基坑工程施工风险管理内涵概述

深基坑工程施工风险管理,是指对深基坑工程施工过程中所有的危险因素进行排查和分析并采取有效的措施降低风险,提高风险应对意识,降低风险发生机率所制定的一系列方法等总称。深基坑工程施工风险因素来源较多,只要是对施工人员的人身安全造成伤害或者威胁的因素都可以列入风险因素范围。

随着科技水平的不断提升,深基坑工程施工也越来越复杂,施工环境的多元性和不断变化增加了工程本身的施工难度和施工风险系数,因此必须要对可能引发安全事故的风险点源进行全面排查,并采取针对性措施进行预防和解决,才能更好地保证施工项目的顺利推进,降低安全事故发生的可能性,实现更大的经济效益和社会效益。

二、深基坑施工风险来源分析

对于深基坑工程施工而言,在施工过程中面临的风险来源主要有以下几个方面:

(1)施工环境的多变性。对于深基坑工程施工而言,施工环境比较复杂多变,必须要与当地的有关部门进行沟通了解具体情况并进行全面勘察,才能更好地进行施工管理,但是由于沟通不全面,很多工程没有全面了解施工环境情况就进行施工布置,造成施工过程中遇到多种突发实践和情况,不利于施工项目的顺利推进,更不能全面保障施工安全。

(2)施工设计本身存在漏洞。在对深基坑工程项目进行施工之前需要做的一项重要的基础工作就是进行施工设计,需要对深基坑工程施工周边的所有情况进行全面勘察,在此基础上进行针对性设计,由于勘察人员专业能力和经验存在差别,加上对当地的工程施工条件等需要进行综合分析,考虑因素较多,所以增加了施工设计的难度,还要充分考虑不同条件下所要使用的才考的性质等,并进行科学计算和分析,才能保证设计的合理性,很显然这方面引发风险是需要认真考虑的问题,如果设计不全面、不科学,将会为后期工程施工埋下隐患。

(3)基坑辅助临时性工程管理不健全。深基坑工程过程中,必要时需要增加基坑辅助临时性工程,对于临时性工程也要树立精细化管理意识,与深基坑工程一样对

待，但是由于当前对于临时性工程重要性认识不足，没有严格按照管理办法进行控制和监督，导致支护工程应有的作用未发挥到位，工程完成后也没有及时拆除，影响了整个工程施工进度和质量。

（4）施工过程的复杂性。深基坑工程在施工过程中面临很多的不确定因素，需要综合协调人材机等，根据现场施工情况及时动态调整施工方案，与当地相关部门也要加强协作和沟通，当前在这方面做得不到位，导致工程施工进度滞后，潜在危险点源较多。

三、深基坑工程的风险管理具体措施和控制方法

（1）深基坑施工过程中的风险管理。由于深基坑工程的特殊属性，在施工过程中风险管理应当贯穿于施工整个过程中。①要根据施工环境和施工条件开展危险因素识别；②要对风险来源进行全面评估分析；③对风险评估情况进行综合评价；④采取有效措施进行风险控制和处理，并及时根据具体情况做好动态调整。

（2）深基坑施工风险控制的方法。

①提高思想认识，加大巡查力度。加强对施工现场的巡查频次和监督力度，从思想上高度重视工程施工，积极配合相关部门组织开展前期勘察等，确保全面了解和掌握具体的施工情况，并以此提高设计的全面性。同时对深基坑工程的支护结构进行科学分析，不断优化，从而保证施工进度和安全。

②提高施工技术，加大监管力度。针对深基坑工程现场施工条件和勘查情况采取科学的施工方法和施工技术，对于不同环境下施工工作的具体开展，要根据具体情况进行分析，共同研究制定最佳的施工技术方案，严格技术交底，加强施工过程全程监督，严格按照审查标准进行检查，最大限度降低施工不安全因素的产生。

③加强围护管理，构建无缝隙风险排查整改网络。要提高对围护结构的重要性认识，结合施工现场具体情况，采取适当的围护结构方式对工程施工予以保障，同时要对底部沉渣的厚度、防水封闭的性能等进行精细化管理和分析，确保制定的措施全面，技术到位，降低深基坑工程塌陷等问题。针对施工中可能出现的突发情况及时制定有效的应对方案，一旦发生事故按照应急预案进行快速处理，提高应对突发事件的处置能力。加强责任落实和监督，构建无缝隙的风险排查整改网络，做到立整立改、立查立改。

总之，深基坑工程施工中风险因素较多，与施工环境、施工条件、施工技术和施工管理等多个方面有关，所以要加强风险识别、排查、评价、预防和控制，针对可能引发风险情况的点源建立针对性的防护措施，并通过动态监督和管理来确保工程施工的

有效推进,进而提高深基坑工程整体施工质量安全和施工效益,发挥深基坑工程应有的保障功能。

第五节　城市供水设施改造深基坑工程管理

城市水厂供水设施升级改造过程中,部分构筑物采用深基坑工程。针对实际施工过程可能出现的问题,从设计、施工团队、施工过程等方面,介绍了深基坑工程管理的有效措施,从而提高施工质量,为城市供水设施建设打下良好基础。

伴随着现代社会的不断发展,城市人口不断增加,城市供水规模不断扩大。以天津凌庄水厂为例,其设计能力为 50×104 m3/d,目前实际最高日供水量已达到 42×104 m3,且供水范围内的城市建设还在不断推进,用水需求增长趋势明显。为保障居民的日常用水安全,对凌庄水厂实施升级改造。由于工艺和用地限制等因素,建设过程中部分构筑物采用深基坑工程。针对城市供水设施深基坑工程管理中存在的问题,制定出有效的解决措施是供水设施建设管理的关键工作。

一、深基坑工程概述

深基坑是在基础的设计位置中,按照基坑底部的标高和基坑基础平面的尺寸所开挖出的土坑。深基坑工程内包括基坑支护结构,其主要作用是支撑土壁,防止基坑坍塌。除此之外,基坑的支护结构还具有防水的功能,能够有效减少因地下水涌入而导致的坍塌现象,其常见类型包括:基坑内支撑、逆作拱墙、水泥挡土墙等。

基坑开挖的方式主要分为两种,一种是有内支撑基坑开挖,另一种是无内支撑基坑开挖。其中无内支撑基坑开挖可以选用放坡开挖的方式,在确保基坑开挖施工安全的情况下,开挖深度不得超过 5 m。当放坡坡脚的位置处在地下水位线之下时,需要及时采取有效的防水措施和相应的排水措施,确保基坑开挖过程中的排水系统正常运行。此外,在对放坡进行保护的过程中,还可采用钢丝网水泥砂浆和钢丝网细石混凝土等方式。城市供水设施深基坑工程在实际开挖过程中属于较为复杂的施工项目,需要制定出完善的管理措施。

二、工程项目简介

天津市凌庄水厂升级改造一期工程位于原凌庄水厂西侧,构筑物包括:清水池、综合车间、超滤膜车间和污水池 4 个单体工程。清水池建筑面积为 2 763.4 m2,水池尺寸为 56.72 m × 48.72 m,露出地面外池壁保温处理,池顶做保温防水后覆土绿化;综合车间建筑面积为 8 802.6 m2,包括 6 座上向流炭吸附反应澄清池和加药间及配电间，下部为钢筋混凝土结构，上部为框架结构；超滤膜车间建筑面积为 4 924.58 m2，包括超滤膜车间泵设备管廊、进水出水渠、超滤膜设备、配电间、膜处理车间电控室、鼓风机房、加药间、消毒间，下部为钢筋混凝土结构，上部为框架。污泥池为地上一层建筑，檐口高度为 4.4 m，建筑面积为 19.75 m2。

该工程将拟建的 4 个单体分成 2 个基坑同步开挖，其中综合车间、膜车间和清水池合并为一个基坑。采用双轴水泥土搅拌桩止水帷幕进行整体封闭，基坑面积约为 16 000 m2，普遍开挖深度为 4.3 ~ 5 m，局部深坑为 6 m（仅清水池局部）。污泥池作为另一个基坑开挖，面积约为 145 m2，普遍开挖深度为 7..2 m，局部深坑为 8.2 m。

根据工程特点，施工支护采用灌注桩、拉森钢板桩、40b 工字钢、双轴搅拌桩、降水井及观测井，并进行相应的降水。将综合车间、超滤膜车间作为先开挖区域，清水池为后开挖区域，以充分利用场区空间，便于施工。清水池区域的土方开挖需等到综合车间和超滤膜车间的施工回填完毕后再进行。土方开挖时，为了保证基坑的安全，挖土应分步、分层、均匀地进行。机械挖土需距桩体 300 mm、距坑底 300 mm 停止，该范围内土体由人工挖除。

该深基坑工程周边紧临建筑物或道路，在施工中项目各方均持小心谨慎的态度，严格遵守建设程序，保证了工程顺利完工。深基坑工程的目标比较明确，即：基坑围护体系安全有效，不渗不漏，满足地基与基础工程的施工。要达成这个目标，就要完善深基坑管理措施。

三、基坑工程的管理措施

（一）加强对设计的重视程度

由于城市供水设施深基坑工程所涉及的领域较多，包括岩土力学、测量学与工程安全等等，需要在对深基坑工程进行设计的过程中充分重视，加强城市供水设施的建设管理并提高投入使用后的实际效果。首先，设计人员要充分了解实际施工环境，实地考察施工现场；其次，明确深基坑工程的施工理念，确保设计结果与实际受力情况相吻合；最后，在设计过程中对工程成本进行控制，减少浪费。

（二）建设专业的施工团队

选择技术专业性较强、施工经验丰富的施工团队，在选定施工团队的过程中，共同探讨设计方案，确保施工队伍更好地了解整体施工计划，从而提高施工效率，为城市用水与供水工作提供保障。

（三）对施工过程进行控制

在实际施工过程中严格控制各项工序,包括开挖、支撑、结构建成和支撑拆除等,最大程度避免施工事故。对于不规范施工、擅自更改施工计划以及施工后的质量较差等,要杜绝此类情况的发生。与此同时,需要对施工成本进行控制,确保不出现偷工减料的现象,严格控制实际施工的标准,对相关施工人员普及规范施工的重要性。此外,还需要对深基坑工程内容进行严格的划分,最大程度减少深基坑施工过程中对土体的影响。

（四）对工程进行实时监测

在进行城市供水设施深基坑工程的施工中,一定要在施工现场设置专业人士,对整个工程进行严格监测。同时,按照所设计的方案实时监测围护墙最顶端的下降或位移、地面表层沉降、周围建筑或道路沉降等问题,这是在深基坑管理中最主要的辅助手段之一。此外,还需要根据实时监测的准确数据对施工方案进行调整与改动,如果出现支护部位发生流沙、下降、裂缝等情况,一定要及时根据实际状况制定解决措施与方案,尽量避免施工过程中出现任何安全事故。

深基坑工程是城市供水设施建设中的重要环节,对深基坑工程制定出有效的管理措施,不仅可以有效提高整体施工质量,还为城市供水设施建设打下了良好的基础,为城市给水工作提供保障。

第六节　过程控制在深基坑施工管理中的应用

针对深基坑工程建设过程中的主要技术环节,对深基坑设计、施工和监测环节进行过程控制,提出了相应的工程措施和施工方案,对于保证工程质量、确保施工安全、节约资金具有重要的现实意义。

近年来,随着大批的高层和超高层建筑的建设,开发商为提高建筑用地率,加之国家有关规范对基础埋置深度和人防工程的要求,多层、超高层建筑地下室的设计必不可少,有的地下建筑甚至有三四层,最深的达数十米,于是,地下建筑开挖时的深基坑支护成为一个必要的施工过程。虽然我国基坑工程设计和施工有了很大的提高,但是在发展过程中还是存在着很多的问题的。这种情况不仅发生在施工水平较差的地区,在一些发达的地区也依然存在。因此,深基坑施工问题需要引起我们的足够重视。

基坑工程事故除了设计方面的原因外,施工方面的施工不当问题也是一个非常主要的因素。要解决施工不当引发的基坑工程事故问题,提高施工单位素质、加强施工管理是关键。深基坑支护工程施工管理一般包括设计过程、施工过程、监测过程三个方面。

一、设计过程控制

基坑工程设计管理主要有建立和完善审查制度和招投标制度。监理工程师应认真审核施工单位提交的施工组织设计,提出修改意见,要求其修改完善后按程序申报,总监审批后方能实施。审核内容主要有:基坑的支护体系、基坑开挖方式、施工平面图、降水措施、监测布置的合理性等。在审核所有文件之后,组织各施工工种按计划分批次进入场地,进行施工。

二、施工过程控制

(一)基坑开挖

基坑开挖中为了确保基坑周边建(构)筑物的安全和支护结构的稳定,要求尽量减小初始位移,应严格遵循"分层、分区、分块、分段、留土护壁、先撑后挖、减少无支撑暴露时间"等原则。基坑开挖违反"先撑后挖,分层开挖",局部出现超挖和未支撑就挖的现象,会造成基坑卸载较快,基底回弹,支护体系变形过大。可能会引起基坑失稳,对基坑及周边造成各种安全隐患。

深基坑可以采用分段对称开挖,开挖过程须由专人指挥。当挖至标高接近基础底板标高时,边抄平边配合人工清槽,防止超挖,并按围护结构要求及时修整边坡及放坡,防止土方坍塌。人工清理防护桩体周围土方,然后及时将土方运走。

在开挖土方时,为了确保位置正确和开挖土方时不得超挖,需要安排两人用经纬仪和水准仪进行轴线、中心点和桩的标高测量。

雨期施工时,为了防止地面雨水流入基坑槽,基坑两侧应围以土堤或挖排水沟,同时应经常检查边坡和支护情况,避免坑壁受雨水浸泡造成塌方。基坑开挖施工至基础底板标高时,在24 h内必须完成素混凝土垫层,垫层延伸至围护结构边。

(二)基坑支护

基坑支护常见的结构形式主要有:板桩系列挡土结构、重力式挡墙结构、逆作拱墙结构、地下连续墙做支护结构,施工时可以根据具体情况选择其中的一种或多种支护结构形式。板桩系列挡土结构具有施工方便、施工工期短、见效快等优点,但其刚度较小,因此一般多用于基坑开挖深度较浅或周围环境较好的情况。板桩按使用材料不同,可分为钢筋混凝土板桩和钢板桩(槽钢钢板桩、拉森钢板桩)。在钢筋混凝土板桩施工过程中应注意的问题:施工前由项目负责人组织各有关人员认真研究施工图的各项技术要求,并将学习的结果认真落实到各个施工单位,按照施工图纸和相关规范进行施工。每组施工的时候,技术人员要严格监督,并将各组的施工情况进行认真记录,保证施工过程记录完整,每天施工结束后,由专人保管。钻机组要保证钻机钻头定位准确。施工过程中要保证钻机的提升和旋转速度达到设计要求。高压泵组,按要求制备浆液,保证输浆压力达到预定指标。采用二次过滤法滤掉水泥浆中的颗粒,使浆液不得离析,保证输浆系统的畅通。

重力式挡墙是依靠自身重力使边坡保持稳定的构筑物。在深层搅拌水泥土重力式挡墙施工中应注意的问题是:定位,测量放样,搅拌机到达指定桩位,钻机对准桩位并对中,在机架上标定桩位的入土深度及停钻位置。在搅拌机的冷却水循环系统运作后预搅下沉。在搅拌机下沉到规定深度后,根据水灰比配备灰浆。待深层搅拌机下沉到设计深度后,用灰浆泵按照一定速度将水泥浆自动连续喷入地基,同时继续搅拌。搅拌均匀后搅拌机均匀提升,然后进行清洗。

逆作拱墙支护技术是自上而下分多道分段逆作施工的水平闭合拱圈及非闭合拱圈挡土结构;当基坑的一边或多边不能够起拱时,可采用能够水平传力的钢筋混凝土直墙(水平向配置连通的主钢筋)加型钢内撑的混合支护体系。拱形结构主要以承受压应力为主,拱内弯矩较小,该项技术是利用高层建筑地下室基坑平面形状通常是闭合的多边形的特点,而土压力是随深度而线性变化的分布荷载,没有集中力,因而可以采用圆形、椭圆形、蛋形或由几条二次外凸曲线围成的闭合拱圈来支护基坑,当基坑周边并非均有条件起拱的情况下,可在有条件起拱的坑边采用拱圈支护,在没有起拱的坑边处采用钢筋混凝土直墙加型钢内支撑支护结构。

(三)地下水处理

在地下水位较高的地区,地下水对深基坑工程施工带来的危险程度是相当高的,地下水的来源一般为上层滞水、潜水、承压水、雨水及基坑周围的渗漏管道水。由于水的来源复杂,在制定止水方案时应从深基坑工程的防水、降水和排水三个方面考虑。在这三方面中,操作最难的就是降水。在深基坑工程开挖施工中,用井点降水来降低地下潜水位或承压水位,已成为一种必要的工程措施。人工井点降水是在基坑的周围埋下深于基坑底的井点或管井。以总管连接抽水(或每个井单独抽水),使地下水位下降形成一个降落漏斗,并降低到坑底以下 0.5 m ~ 1.0 m,从而保证可在干燥无水的状态下施工。

三、监测过程控制

（一）监测作用

基坑施工监测既是检验设计正确性和发展理论的重要手段，又是及时指导正确施工、避免事故发生的必要措施。监测内容主要包括水平位移、支撑轴力、地下水位以及地表沉降的监测。而在工程实际过程中，深基坑的开挖必然会对周围的建筑物、地下管网、地面设施等造成影响，虽然在开挖前后都会对基坑进行支护，但仍然存在一定的危险，因此，对支护结构进行位移监测是确保周围建筑物及施工安全的必要手段。

（二）监测管理

深基坑支护结构的位移监测，常规的测量方法垂直位移容易测量，而水平位移测量难度大，并且外业观测时间长，现场实施也比较复杂。目前国内外较为先进的监测手段为虚拟像片法，就是只采用经纬仪自由设站测量基坑支护结构的关键点的水平角和竖直角，用程序将其转化为虚拟像坐标和物方空间坐标，再用后期的坐标与前期的比较，分析得出支护结构的位移量。

这种监测方法非常适用于施工条件相对较差、传统方法操作困难的地方，同时在监测管理中也有一些问题需要注意。支护结构上的标志点应为整个支护中的特征点，能够分别反映不同应力状态下的支护结构受力特征，标志点的数量应为能详尽反映变形的基础上精简。然后在两个适当的位置自由设站安置经纬仪观测两测回，大约每 5 d 观测一次，第一次始于基坑挖成后，直到该段坑壁稳定为止，共观测 7 次。同时加以水准仪测量的沉降，总结表格。这种方法的关键在于测量的准确性，这就需要在测量过程中，对测量人员严格要求，按照规定的观测顺序分点按步进行。

深基坑工程施工是一个复杂的系统过程，基坑施工过程控制是一项十分重要的工作，也是确保工程安全的重要保证。结合深基坑工程实际，对各个建设环节进行了认真研究，得到了如下结论：

加强施工前的设计控制，确保施工方案合理可行；在施工过程中，基坑开挖要严格按照施工设计进行，选择适合的支护形式，并在地下水位较高的地方选择合理的降水方式，确保施工安全；加强施工过程中的变形监测，密切注意监测结果，根据实时监测结果对下一步施工方案进行调整，使变形控制在规范允许的范围内。

参 考 文 献

[1]袁文蔚.浅谈如何加强深基坑工程质量安全监督管理[J].中国新技术新产品,2014,8(5):163.

[2]殷春涛.浅析高层建筑深基坑工程施工质量安全监督管理[J].城市建筑,2016,7(26):205.

[3]李栋.如何加强深基坑工程安全监督管理[J].山西建筑,2016,42(32):55-57.

[4]刘宗仁,王土川.土木工程施工(2版)[M].北京:高等教育出版社,2009.

[5]徐志军,王曙光,陈静.深基坑与边坡支护工程设计施工经验录(1版)[M].上海:同济大学出版社,2011:9.

[6]赵晓明.深基坑施工中边坡支护技术的应用[J].建筑工程技术与设计,2014(15).

[7]马海朋.浅谈深基坑支护工程事故及预防[J].智能城市,2016(2):78-79.

[8]邢本康.复杂环境深基坑开挖安全控制方法[J].建筑安全,2017,32(06):47-50.

[9]杨钊.深基坑工程的质量、安全控制——浅析柏悦园工程基坑开挖施工过程[J].江西建材,2017,(04):99.

[10]邓新业.刍议建筑工程施工中深基坑支护的施工技术管理[J].居舍,2019(21):150-151.

[11]马丽珠.岩土工程中的深基坑支护设计问题及对策[J].工程技术研究,2019,4(12):202-203.

[12]刘子毅,上官云龙,李向群.岩土工程深基坑支护的设计及施工问题研究[J].四川水泥,2019(5):112-113.

[13]黄峰平.浅谈高层建筑深基坑支护施工的问题及其质量控制措施[J].四川水泥,2018(11):259-260.

[14]杨朝辉.关于市政工程施工中的深基坑施工技术探讨[J].中州建设,2017(14):69-70.

［15］杨国庆.市政道路深基坑施工技术及安全控制措施探讨［J］.军民两用技术与产品，2017(2)：85-86.

［16］基于岩土工程中的深基坑支护设计问题和对策探讨［J］.傅德坤.四川水泥.2019(10).

［17］深基坑支护设计及监理控制［J］.冒建国.四川水泥.2016(12).

［18］基于岩土工程中的深基坑支护设计问题和对策探讨［J］.胡力.城市建设理论研究（电子版）.2017(21).

［19］基于岩土工程中的深基坑支护设计问题和对策探讨［J］.肖亚鸣.低碳世界.2016(31).

［20］基于岩土工程中的深基坑支护设计问题和对策探析［J］.周彤.绿色环保建材.2019(12).